新 加 坡 城 市 规 划 与 发 展

新加坡城市规划与发展

SINGAPORE CITY PLANNING AND DEVELOPMENT

沙永杰　纪雁　[新加坡]陈琬婷　著

同济大学出版社
TONGJI UNIVERSITY PRESS

中国·上海

序　研究新加坡城市治理经验的意义

随着大规模的城市建设和城镇化的快速发展，中国的城市进入了转型发展时期，需要我们学习并总结全球城市发展的理论和实践。上海作为全球城市，而且以卓越的全球城市作为城市的发展目标，自然将纽约、伦敦、巴黎作为对标城市加以分析研究。虽然在全球资源配置、综合竞争力方面都参照这些领先的全球城市，然而无论是城市文化、社会状况、人口规模、空间环境、开发强度还是城市管理体制都存在较大的差异，因此亚洲城市研究必然成为重要的课题。

作为世界上最早的城市发源地之一的亚洲，城市的发展变化十分迅速。预计到2025年，仅亚洲就将会出现25座人口超过1000万人的大城市，孟买、上海、首尔、德里、东京的人口将超过3000万人。亚洲特大城市的高密度特点和发展模式是影响亚洲城市可持续发展的重大问题，需要我们特别关注和深入研究。亚洲其他国家和地区城市的发展经验和教训是中国城市今后发展的重要参考。从上海城市转型和升级发展的角度而言，东京和新加坡更应重点研究，二者各有独到的，对上海有参考价值的先行经验。同济大学建筑与城市空间研究所与株式会社日本设计于2019年合作出版的《东京城市更新经验》（由沙永杰和岗田荣二联合组织撰写）及这本《新加坡城市规划与发展》都是基于上海等中国城市转型发展视点和城市更新需求角度进行的深度观察和分析，既有学术价值也有重要的实际意义。我相信这两份亚洲城市研究的代表性成果会有长期深远的实际影响，并能促进更多、更深入、与中国城市发展问题更相关的研究成果面世。

新加坡是重要的全球城市，这个城市国家自20世纪80年代以来的快速崛起令世界瞩目。进入21世纪以来，新加坡在全球城市排名方面稳步提升，在过去10年中已稳居各主要城市排行榜的前10位，且仍有继续攀升趋势。在新加坡城市（国家）崛起和发展水平不断提升的过程中，城市规划发挥了不可替代的引领作用，包括土地利用、住房、交通、环境和社区建设等多个方面，是新加坡发展成功的基石之一。长期一党执政，自上而下全盘规划，发展目标明确且具体规划引导手段能够依据情况变化保持不断优化，规划过程公开透明且能够让市场力量和普通市民参与……这些新加坡城市治理方面的特点对我们目前研究"如何发挥规划引领作用"具有借鉴意义，值得我们的城市决策者和管理者，以及规划设计专业人员研究和思考。这是本书的一个基本意图。

新加坡在国际城市的分析研究中被定义为跨国城市和智性城市——一个高度

国际化的城市，由于国土面积和人口等因素造成的"危机感"促成城市发展策略和行动计划方面高度理性，城市治理水平在全球范围广受赞誉。希腊裔美国教授安东尼·C.安东尼亚德斯（Anthony C. Antoniades）认为："城市规划是将城市社区作为一个整体发展的智力预想，它用的是一种合乎功能的、物质形式迷人的、社会方面平衡且公正的，以及经济上可行的方式。"这一理念在新加坡有充分的体现。新加坡在城市环境和城市治理上保障了全体国民拥有健康和安全的生活环境，同时也吸引了全球的人才汇聚和创业，在我们孜孜以求的产城融合和职住平衡方面堪称亚洲城市的典范。新加坡国土面积小（小于上海自由贸易试验区临港新片区），除少量农业用地外，还需要布置国家级的设施，诸如机场、港口、电力设施用地、军事用地、垃圾填埋场等，要实现用水自给，必须处理好这些用地与城市的关系。此外还必须保证绿化环境和生态安全的用地，在提高城市建设用地密度的同时，必须保持和增强宜居性。实施全方位综合性的城市发展策略是新加坡的特点，注重教育、公共医疗服务、生活质量和城市安全，超过80%的新加坡人口居住在高质量的公共住宅中（其中90%住户拥有公共住宅的产权），新加坡是全球人口平均寿命最长的城市，新加坡国立大学跻身世界一流大学的行列。根据2019年的统计，新加坡人均GDP为64 103美元，在世界人均GDP排名中居第8名……

《新加坡城市规划与发展》归纳出新加坡发展经验中最值得我们借鉴的是在城市（国家）治理和土地（国土）利用规划管理层面上的公共住宅、产业发展、环境、城市交通四个方面，这也成为本书的核心内容。本书所谈的城市规划不是仅针对新加坡都市重建局所管理的土地利用规划，而是涉及土地利用的城市综合治理问题。《新加坡城市规划与发展》在分析新加坡的独特性和城市发展成绩的同时，也分析了新加坡面临的资源短缺以及可持续发展方面的巨大挑战，指出了城市文化等方面存在的弱势。

沙永杰教授曾留学日本和美国，曾在意大利和韩国长期访学，2010—2015年期间在新加坡国立大学任访问教授和双聘教授，有机会深入观察分析新加坡城市规划与发展问题。他依托同济大学的教学、科研和国际交流平台开展国际城市研究，尤其是亚洲城市研究工作，促成同济大学建筑与城市空间研究所与上海市城市规划设计研究院于2013年联合创立"亚洲城市论坛"，并联合亚洲十余个处于不同发展阶段的代表性城市的专家推出一系列亚洲城市研究成果和文集。同时，沙永杰教授深度参与上海城市规划和城市更新实践工作，担任北外滩开发办总规划师等，协助政府管理部门的工作，这些重要的实践工作是促成他高度关注城市研究的动力，也是他研究问题意识的来源。《新加坡城市规划与发展》这本专著是十年磨剑的成果，我希望沙永杰教授和团队保持这种研究与实践结合的工作方向，不断取得对上海城市发展有积极作用的成果。

郑时龄
同济大学教授，中国科学院院士
同济大学建筑与城市空间研究所所长
法国建筑科学院院士
美国建筑师学会资深会员

2021 年 5 月 26 日

前言　基于中国城市转型发展视点解读新加坡经验

沙永杰

　　中国城市正处于转型阶段，仍有巨大升级发展空间。尤其是上海等定位为"全球城市"的中国超大城市，面向 2035 年及之后的 21 世纪中叶，必须实现经济、社会民生、城市基础设施和环境等方面的再一轮大幅升级，才能具备代表中国参与全球最高层次城市竞争的能力。中国城市不能复制其他国家城市的做法，但必须了解处于全球城市网络中领先位置的发达城市的发展逻辑和一些共性发展规律。就这一点而言，新加坡是最有价值进行对标研究的全球城市之一。事实上，20 世纪 90 年代初以来，新加坡一直是我国政府部门管理人员和规划专业人员出国考察学习的主要目的地之一。由于文化、人口、国家治理特点和同在亚洲等原因，对中国城市而言，新加坡比欧美发达城市更具对标研究的相关性。

　　新加坡城市规划与发展经验中最值得中国城市分析研究的有四个方面——公共住宅、产业发展、环境（水资源和绿化为核心内容）和城市交通。公共住宅和产业发展是新加坡立国并能长治久安的两大基石，确保新加坡人民能安居和乐业，也确保人民对政府的信任与支持。环境方面的举措确保新加坡水资源安全和城市环境质量，不仅使国民拥有健康和充满自然特征的生活环境，也形成独具一格的新加坡城市特色，这已成为新加坡吸引全球人才的一个优势条件。城市交通能力，尤其是公共交通能力持续提升是新加坡能够对大量建成区域实施大力度城市更新，大幅提升容量和运行效率，且实现更高密度和更具宜居性这对看似不可能的组合目标的支撑条件，也是新加坡未来城市人口规模大幅提升的根本保障条件。这四个方面都是由政府绝对主导的，在新加坡城市（国家）治理体系中占有重要位置，各个方面都有一套完整架构，又能在土地规划与建设实施上实现高度协调和相互支撑。无论是作为各个独立部分研究，还是从城市国家治理体系角度分析，这四个方面都体现出新加坡在规划上具有前瞻性和连贯性，而实施过程中又能保持动态调整优化的重要特点。

　　解读新加坡城市规划与发展经验必须兼顾城市（国家）治理和土地利用规划管理两个层面，理解其自上而下城市治理一体化的特征。在国家治理层面，新加坡城市规划的政治、经济和社会发展意图十分明确，将土地资源作为国家重要资产进行合理配置和高标准管理，确保各个方面——从提升国际竞争力到确保普通民众生活品质——能够均衡和同步发展，并在实施层面通过不断创新的土地利用手段最大限度地实现土地资源的价值（商业开发价值只是其中之一），确保政治、经济和社会发展意图通过一个个具体建设项目得以落实。在土地利用规划管理层面，新加坡的土地利用规划和开发管理是由新加坡都市重建局（Urban Redevelopment Authority，简称 URA）具体负责的。城市硬件综合发展水平与土地利用规划管理密切相关，城市土地规划和开发不像人才和资本能够全球流动，对于新加坡这样土地资源非常有限的城市国家而言，土地利用规划管理的重要性不言而喻，而且要将住房、产业、环境、交通，以及市场开发等方面的土地需求合理整合在一张土地发展蓝图上，加上这张蓝图要保持动态调整优化状态，难度可想而知。从不同层面和方面的规划以及城市建设发展成效两方面来看，可以说，新加坡将城市规划的作用发挥到了极致。

有关新加坡城市规划与发展的文献非常丰富，仅新加坡相关政府部门公开的第一手资料几乎可以说是应有尽有，浩如烟海——那么，写这本书的意图，以及这本书的特点是什么呢？

中国的城市研究人员，这里主要指城市规划管理领域或学术及专业研究领域的人员，获取新加坡城市规划与发展相关资料的途径主要有三：①来自新加坡的资料——主要是各个政府职能部门对新加坡民众详细发布的各类规划和实施情况报告（绝大部分是英文），涉及土地、住房、产业、环境、交通和人口等所有与城市规划与发展有关的内容，并包括各个职能部门的年度报告、不定期的白皮书、通常每 10 年一轮的发展回顾总结出版物，以及与国际重要专业组织和专业期刊联合出版的专题出版物等。此外还有两套重量级文献值得重视——新加坡建国总理李光耀（Lee Kuan Yew）先生的一系列著作是从战略决策层面理解新加坡国家治理理念以及新加坡发展历程的最佳文献；新加坡为纪念建国 50 周年，由专家学者主持组稿出版的一系列对诸多领域建国以来的发展历程进行回顾总结的丛书，对新加坡 50 年发展历程进行了全景呈现和反思。②中国政府部门管理人员和规划专业人员新加坡考察学习后发表的大量文章或报告——从 20 世纪 90 年代至今的 30 余年中，中国有组织地派往新加坡考察学习或培训的人员众多，考察学习成果报告类的文章数量巨大，也出版了一些著作，这些成果也几乎涵盖新加坡城市治理经验的方方面面。由于大部分人员是短期访学，限于时间短，绝大多数成果停留在表面观察和片断化的体会，但这类成果中包含的反思产生了长期的积极意义。③来自西方发达国家的相关研究成果——早在中国开始关注新加坡城市治理经验之前，就有大量西方学者关注新加坡快速崛起的"模式"，并对诸如公积金制度等新加坡创造的解决社会问题的一些新做法进行研究，在 20 世纪八九十年代出现了一批西方学者的研究成果。由于新加坡"自上而下"、政府在相当多领域处于绝对主导位置和精英治国等理念与西方社会某些根本理念完全错位，使得西方学者面临一种非常尴尬境地：一方面新加坡的成就，包括政府廉洁高效，民众满意度高，受资本市场青睐等被西方社会高度评价；另一方面又根本没办法用西方社会 20 世纪六七十年代之后的所谓后现代思想和西方城市规划进入后现代时期流行的理论，去分析和解释新加坡的城市规划和发展经验，甚至新加坡的很多做法恰恰是西方流行理论所反对的。这种状态下，西方学者想要拿出对新加坡人，或者对中国人具有参考价值的成果和观点，难度很大。

我从 2010 年初开始观察和研究新加坡。2010 年，上海成功举办了以"城市，让生活更美好"为主题的世博会，一方面向全球展示了 1990 年浦东开发开放以来上海的城市建设成就，另一方面也标志着上海开启了转型发展的新征程。面对上海转型发展问题，在那个时间点上，我强烈感觉到以往重点关注的欧美发达国家和日本的城市经验，由于政治制度和社会治理基本理念等方面的巨大差异，很难说与中国城市当前转型发展面临的实际问题有相关性，由此想了解以一党执政、自上而下为特点，而且人民满意度很高的新加坡是如何做的。我用了大约 5 年时间，通过新加坡官方信息为主的文献以及在新加坡工作和生活的实际体验（2010—2015 年期间我在新加坡国立大学担任访问副教授和双聘教授），对新加坡城市规划与发展做了比较系统的观察和研究。同时，由于上海的工作，这一时期我频繁在新加坡和上海之间往返，作为城市使用者和规划研究人员两方面的感受在两个城市之间频繁"切换"——这种经历让我对新加坡城市规划有了更深的体会，也换了一个角度观察上海，对上海转型发展面临的挑战有了更强的感受，认为新加坡的一些经验与中国城市转型面对的问题有相关性，于是有了写这本书的计划。概括而言，这本书是从中国研究人员的视点，从中国城市当前转型发展面临的问题的角度，对新加坡进行的观察和分析，为中国城市规划管理人员及学术和专业研究领域人员提供参考。

这本书写作过程超过 10 年，主要原因是后半段的写作——作者利用"业余时间"形成能出版的文字稿的过程比较长，而过去的五六年间，即 2015 年新加坡庆祝建国 50 周年以来，新加坡在城市规划发展方面仍保持较快的升级发展速度，土地利用和发展项目方面的创新性手法和举措仍在不断推出，本书力图包含最新的规划和发展情况，但无疑达不到与实际发展情况同步。除了公共住宅、产业发展、环境和城市交通四个方面，作为一个城市国家，与世界连接的港口和机场，以及保护国家不受外敌侵犯的国防用地等，也在新加坡土地利用规划中占有重要位置，但这些未在本书观察分析范围之内。此外，新加坡面临其特有的问题，甚至是关乎国家存亡的问题，本书并未触及这些问题，建议读者从李光耀先生晚年的一系列著作中了解他对这些问题的分析和预见，而这些问题与国家发展战略和土地利用规划也有关联。因此，这本书呈现和分析的仅是新加坡城市规划与发展的局部。

本书第 1 至第 7 章各自阐述一个相对独立的专题，虽然每个专题都有完备的一套内容，但必须将各个专题（甚至与并未纳入本书的一些内容）联系在一起分析，才能从城市（国家）治理和社会发展层面综合理解新加坡城市规划和发展。纪念新加坡建国 50 周年系列出版物中，几乎所有建国先驱，包含新加坡各个领域的杰出贡献人物都是从"整体政府理念"或者称为"整体社会理念"层面回顾 50 年成就并前瞻未来，这也是我在本书前言中想重点强调的。"整体政府理念"或者称为"整体社会理念"是刘太格先生（Liu Thai Ker）总结的，其他新加坡杰出贡献人物也有类似归纳，用词不同，但含义基本一致。刘先生将新加坡 50 年成就用三个词概括：速度、数量和质量，并认为"当我们把这些成就归功于规划师、建筑师、工程师和其他专业人士的同时，事实上更应归功于政府领导和专业人士的紧密合作……"，强调了政府的法律法规在实施过程中进行适时调整的重要性，他认为城市（国家）治理有三个领域是不容失误的——教育政策、城市生态环境和城市规划。因此在新加坡城市规划和发展中，政府领导和专业人士（包括管理部门的专业人士）花费大量时间和精力研究已经呈现的和潜在的问题，分析综合城市发展战略，厘清表面现象和本质原因……这种"乏味冗长的方式"比"简单复制其他城市那些诱人的景象"更具决定性意义 [1]。刘太格先生这些总结的主要目的是寄语新加坡年轻人，希望后续力量保持并发展新加坡城市治理理念与逻辑。

作为"局外人"，从发掘对中国城市治理和城市规划参考价值的角度，除了刘太格先生总结的上述观点外，我认为以下六点值得我们深入思考。

（1）资源极度紧缺产生的积极作用——将城市规划的作用发挥到极致。新加坡

---

1. 刘太格先生曾多次在演讲或媒体访谈中表达过这些观点，此处引用文字出自他为纪念新加坡建国 50 周年发表的文章《新加坡规划与城市化：50 年历程》。该文收录在《新加坡城市规划 50 年》一书中，参见王才强. 新加坡城市规划 50 年. 高晖，林太志，陈诺思，等，译. 北京：中国建筑工业出版社，2018：21-42。

城市规划在战略层面体现出强烈的危机感和前瞻性，在土地利用规划和开发落地层面体现出规划思路的连续性和实施过程中动态调整的特点。土地资源等限制条件要求新加坡必然是"可持续发展"模式，否则这个城市国家不可能存活。全球范围的大城市中，能将城市规划作用发挥到这种程度的屈指可数。一些中国专家学者认为新加坡太小，只是个城市，与中国的情况不具可比性。国家大小和土地资源方面的差别是事实，但中国城市不能因为土地资源丰富而停留在比较低效的土地利用规划管理水平上。

（2）城市治理和城市规划中的务实态度。新加坡在集水区规划和历史建筑保护等方面都有"在适当情况下要为发展让步"的做法，很明确要将发展放在首位，但同时采用更加创新的手段弥补"让步"的指标损失，因此才会有能将整个城市作为集水区这一看似不可能的创新举措。新加坡的法律法规（包括城市规划相关的法规）在实施过程中如果发现有不妥或相关条件改变了，就会适时调整，极少见到口号比较极端且条块分割的框框，这确保了规划能顺利合理实施，也能刺激常规做法升级。"绿化一个平方米不能少""老房子一个不能拆""地下轨交线上一公斤荷载也不能加（也不能减）"等在各个专业领域内似乎完全正确，但整合在一张蓝图上显然存在冲突，这类与国际发达城市的普遍做法存在代际差别，但又很难在部门之间协调的情况在我们的城市管理体系中屡见不鲜，严重影响规划和实施成效，亟待改变。

（3）"自上而下"和"自下而上"的关系。自上而下的有效规划和治理是市民自下而上参与城市治理的前提，这在新加坡体现得十分明显。新加坡建国 50 多年的历程中，尤其是建国初期到进入第一世界国家行列的崛起过程中，自上而下的治理模式（一党执政和政策连续稳定）发挥了决定性作用，是全球公认的成功模式。由于自上而下治理的成功，随着经济、社会和人口的演变，自下而上的全民参与成为必然，二者合理结合，但绝对不会一边倒。对于东方社会，这种政府发挥主导作用、人民参与其中的模式，比起西方学者倡导的带有无政府主义特色的自下而上观点更有合理性，也是更可行的，新加坡经验说明了这一点。

（4）政府的作用和市场的力量二者之间的关系。在新加坡，政府的绝对主导和市场的发展空间两个方面并存——前者主要针对为超过 80% 新加坡人口提供公共住宅和建设产业发展基础设施等方面，保障较高水平和相对均衡的基本面，后者则是充分尊重市场经济规律，给出支持政策和空间，让市场力量发挥主动性和创造力，形成无法由政府主导产生的某些领域的先端优势。可以说新加坡是将计划经济和市场经济二者的优势结合，形成国家整体经济实力增强、政治稳定、人民生活水平提升、对市场也保持相当大吸引力的良好态势。

（5）关于人的问题。新加坡的规划理念并不难理解，规划管理技术性内容的模式与很多其他国家也基本类似，但成效不同，"人"的问题是其中一个重要原因。没有李光耀和他所代表的第一代新加坡领导团队，以及长期保持高度廉洁和能够整合运作的政府力量，就不会有新加坡奇迹。新加坡毫不掩饰其坚定实施的精英治国理念，并在吸引各领域高端人才进入国家治理体系方面不遗余力。人才的支撑，以及管理制度的完备，确保政府无论是为人民办事，还是与市场力量对接，都能达到应有的高水准和部门之间应有的协调，也确保了规划和法规的实施成效。

（6）清醒对待西方发达国家的经验。新加坡建国之初曾派多个重要领域的专业管理人员针对城市规划问题赴欧美发达国家考察学习，但从建国先驱的访谈或回忆文字中可以看出，大部分考察学习得到的结论是西方城市那些做法不适合新加坡，新加坡必须摸索适合自身的一套做法。20世纪六七十年代新加坡规划建设较大规模的高层公共住宅区时，西方学者和专家批评这种高层建筑为主的做法是在建设贫民窟，而新加坡政府和专业管理部门仍坚持采用这种模式。既有国际视野，又不照搬别人的做法，花费很大气力研究其他城市成功经验以及关联的问题，并将研究发现与新加坡实际情况相结合——这种特点在新加坡城市规划和发展领域十分突出。新加坡城市规划和发展相关管理部门的国际视野和务实研究能力值得所有全球大学排名靠前的专业院校仔细学习。学习西方经验和教训，并与自身实际情况结合发展出自己独特的模式，这一点新加坡和日本都做得好。

中国城市转型发展需要从更大的视野观察问题，也需要立足于中国的实际情况和发展前景研究解决方案，希望这本书为中国城市管理相关人士和规划设计界同行提供一种参考。对于本书中的某些观点，新加坡同行或觉肤浅，或有异议，这完全正常。希望新加坡继续将规划作用发挥到极致，持续繁荣发展，并进一步书写一个城市国家的奇迹。也希望更多中国城市研究者立足于中国，用世界眼光进一步深入分析新加坡城市规划与发展经验的价值。

目 录

第 1 章　城市规划管理

沙永杰

新加坡是一个城市国家，面积约 719 平方公里[1]。作为一个面积有限的岛国，新加坡发展的首要挑战是土地资源匮乏，而且不同于大多数城市，新加坡有限的土地资源必须承载国家层面的功能，如国防和水资源储备等。自 1959 年成立独立政府，并于 1965 年建国以来[2]，至 20 世纪 90 年代，新加坡实现了从第三世界到第一世界国家的快速发展[3]。在这个快速崛起的过程中，新加坡城市规划和开发建设很好地应对了土地资源问题，对新加坡经济、社会和环境的综合发展起到极其重要的支撑作用。在 21 世纪全球城市网络中，新加坡是最具竞争力的全球城市之一，城市硬件大规模改造提升的步伐从未停止，这与"缺乏自然资源的小岛国"的客观条件形成强烈反差，而且新加坡已公布的城市规划呈现出的升级发展空间十分巨大，是全球范围最具发展前景的城市之一。

1.1 一体化的城市规划管理体系——从发展理念到开发项目管控

1.1.1 概况

1819 年，英国人托马斯·莱佛士（Sir Thomas Stamford Raffles）建立新加坡港，开始将其作为英国殖民地进行统治和建设，并在 1822—1823 年制定了一份《新加坡规划》（Plan of the Town of Singapore，图 1-1）。这份规划突出港口贸易功能，路网和土地划分规整，按种族和人群分区管治的特点突出。新加坡其后一个世纪的城市建设基本按照这一规划发展。随着港口、贸易和移民的快速增长，至 20 世纪中期，新加坡比较成熟的城市建成区面积近 8 平方公里（大致是今天的新加坡城市中心范围[4]），但人口过度集聚、住宅严重短缺、卫生条件差和交通拥挤等问题日益严峻。当时的英国殖民政府意识到，如果不进行有效干涉，不控制增长，新加坡城市发展将陷入恶性循环[1]，于是推出《1958 年总体规划》（Master Plan 1958，图 1-2）[5]，但规划出台的次年，新加坡政治体制就发生了重大变革。

新加坡作为一个独立国家的全面城市化是从 1959 年成立独立政府时起步的。新加坡政府从 1960 年起以国家力量推进公共住宅和新镇建设，并同步开发建设产业园区，通过这两大举措求生存。20 世纪 60 年代是新加坡最艰难的时期，经过艰苦努力，新加坡克服了一系列关乎国家存亡的困难，也初步形成了具有新加坡特色的经济社会和城市发展的基因（图 1-3—图 1-5）。1971 年，新加坡政府推出全岛长期发展规划，是新加坡第一个概念规划，标志着具有新加坡特色的全面城市化进入良性发展轨道。其后，基本每 10 年为一个发展阶段，新加坡在城市各个方面保持升级发展态势。至 2019 年，新加坡在全球各主要城市排行榜上稳居前列，而且排名上升趋势明显，人口增至 570 万人，其中新加坡公民 350 万人，永久居民 52 万人 [6]。

新加坡从 1959 年至今的发展成就"很大程度要归功于政府秉承务实精神，对城市现实有清醒的认识，且对城市未来发展有长远的眼光"[2]。在此前提下，城市规划管理与新加坡经济发展和政策引导紧密结合，最大限度体现国家发展意志，在国家发展不同阶段以不同方式和侧重点促进新加坡政治、经济和社会发展，能调动市场力量积极参与，并使全体人民受益。新加坡政府大力推进的公共住宅事业、以国家力量建设发展产业园区和改造城市环境等一系列具有深远意义并不断持续的重大举措在全球范围越来越受到关注，而且新加坡进入第一世界国家行列后仍能持续升级发展，城市硬件领域的创新举措和发展蓝图与当代大部分欧美城市缺乏增长信心和发展动力的状况形成鲜明反差。

新加坡城市建设从宏观到很小的细节都是全盘规划的结果，而且采用"实验室"模式不断进行规划设计改进——这是新加坡城市规划管理的一个重要特点，也与西方发达国家学术界盛行的反对全盘规划的论调恰恰相反。有关城市建设的新思路或改进方案，无论来自其他国家的经验，还是来自使用者的反馈意见，都会通过规划和具体实施的"实验"来检验。经过检验环节，合理的继续执行并推广，不合理

1. 新加坡政府 2019 年公布数据，由于仍有填海造地计划，新加坡国土面积此后还会有一定程度增长。
2. 新加坡于 1959 年从英国政府获得自治权，同年人民行动党赢得大选组建独立政府，李光耀出任新加坡首任总理；1963 年新加坡脱离英国统治，加入马来西亚联邦（新加坡是其中一个独立邦）；1965 年新加坡建国，成为一个独立的共和国。
3. 有关新加坡快速崛起的相关文献中经常有"从第三世界到第一世界国家"的表述，但新加坡在哪一年进入第一世界国家行列，并无明确说法。李光耀在其 2000 年出版的一本回忆录 From Third World to First: the Singapore Story 1965—2000（《从第三世界到第一世界：新加坡故事 1965—2000》）的前言中提道："……新加坡人均 GDP 从 1959 年他就任总理时的 400 美元，到 1990 年他卸任总理时的 12,200 美元，再到 1999 年（出版该回忆录时的数据）达到 22,000 美元……"由此而言，新加坡在 20 世纪 90 年代达到第一世界国家的经济发展程度。
4. 新加坡城市中心范围通常也被称为"城市中心""中心城区"或"城市中心区"（对应的英文是 Singapore Central Area 或 Singapore Downtown）。新加坡中央商务区（CBD）位于城市中心范围，被称为城市中心核心区域（对应的英文是 Downtown Core），占城市中心范围约 10% 的土地（填海造地并开发滨海湾新区之前）。新加坡城市中心范围与新加坡中心区域是两个不同概念，后者是新加坡全域划分的 5 个规划分区之一（对应的英文是 Central Region），城市中心范围位于中心区域，但仅是其中一小部分。
5.《1958 年总体规划》由英国规划师编制，1959 年新加坡获得自治权后，新成立的独立政府在解决住房和产业发展等方面与殖民政府有不同的思路和目标，因此这个 1958 年规划对新加坡城市发展的实际影响较弱。
6. 新加坡统计部（Singapore Department of Statistics）公布的 2019 年 7 月数据。这个新加坡人口数据中除了新加坡公民和永久居民外，还包括大量持工作签证的外国人。

图 1-1 英国殖民初期的新加坡城市规划图(1822 — 1823年制定)。图片来源：National Archives of Singapore

图 1-2 《1958年总体规划》示意图。图片来源：URA

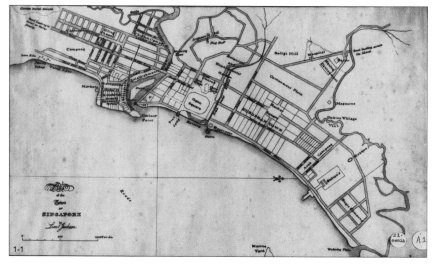

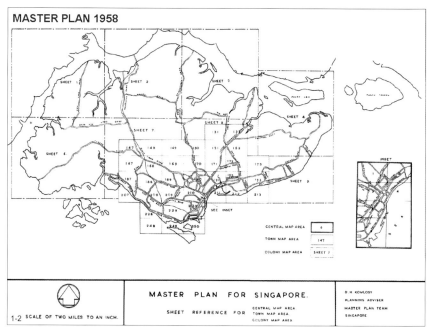

的进行重新评估或再实验，形成一个动态的、持续的实验和研发过程。这种特点在新加坡公共住宅和新镇模式的不断改进过程中体现得非常明显，立体的、复合功能（甚至包含工人宿舍）的高层工业建筑模式也是在这种"实验室"模式下创新而来。当然，这种规划创新的前提是总的规划思路和方向不变，有升级诉求，并需要规划管理和实施管理部门具有很强的执行能力。

新加坡都市重建局是负责新加坡城市规划的法定部门，其规划管理涵盖三个层面：①概念规划（Concept Plan）——核心是表达城市发展和治理理念与土地资源的战略关系；②总体规划（Master

图 1-3　政府大厦大草坪(The Padang)及周边城市景观,摄于 1960 年。图片来源: National Archives of Singapore

图 1-4　牛车水(China Town)一带城市景观,摄于 1972 年。图片来源: Jean-Claude Latombe

图 1-5　政府大厦大草坪以北区域的城市景观(望向新加坡海峡),摄于 1976 年。图片来源: Ministry of Information and the Arts Collection, Courtesy of National Archives of Singapore

Plan）——依据发展理念制定的具体土地利用规划；③规划落地环节——主要包括土地售卖（Land Sale）和开发管控（Development Control）两方面。三个层面贯穿宏观发展理念和具体开发项目管理，形成一体化且层次关系清楚的管理体系。

1.1.2　概念规划——新加坡规划管理体系的"顶层"

概念规划是对未来40—50年新加坡全域土地利用的远景战略性构想，表达新加坡整体发展理念。概念规划每10年进行一轮评估，应对经济、社会和技术等方面的变化趋势进行更新升版。通过概念规划权衡居住、商业和工业等不同类型用地，并指导未来城市基础设施进一步升级发展。新加坡概念规划的核心是长远考虑和最优化利用土地，确保新加坡在可预见的未来保持合理的发展方向，有明确目标，并保有充足的土地供应量，确保城市能持续发展。同时，概念规划层面要解决各个政府部门之间由于"利益冲突"可能导致的不合理规划问题，避免在实施过程中因部门之间难以调和而影响城市发展的问题。例如，城市历史保护和保护性集水区等重大问题在某些条件下要为城市发展让步等决策，需要在概念规划层面解决。新加坡不存在因为某个部门很强势而出现显然不符合城市整体发展意图的用地情况，而在全球大多数城市，一些强势部门（如港务和电力等）因部门利益（甚至并不存在利益问题）极大地影响城市用地合理性的情况比比皆是。由此，新加坡概念规划一方面确保实现国家发展理念的土地潜能和效率，另一方面在决策层面解决管理部门之间可能的冲突。

新加坡第一个概念规划是20世纪60年代后期在联合国专家帮助下制定的，于1971年正式公布，通常被称为《1971年概念规划》（Concept Plan 1971，图1-6）。这个概念规划预估至1992年新加坡人口达到340万人，并确定了影响至今的新加坡城市发展格局的基本雏形——中央商务区、岛中央的大面积自然保护区、环岛布置新镇和沿海布置产业用地。当代新加坡的宏观格局基本是遵循这一概念规划实现的。

《1991年概念规划》（Concept Plan 1991，图1-7）是新加坡规划管理部门独立编制的第一个概念规划[7]。20世纪90年代是日益崛起的新加坡稳步进入全球发达国家行列的时期，这个概念规划体现出对量和质的双重要求，是一个具有里程碑意义的战略规划。甚至可以说，《1991年概念规划》是新加坡进入第一世界国家的标志之一。1991年，

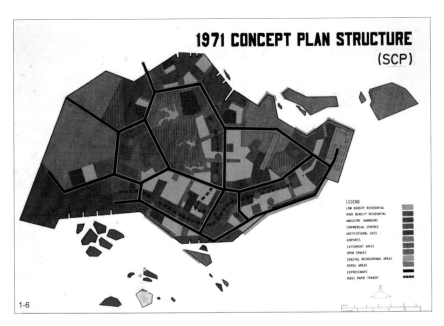

图 1-6 《1971 年概念规划》示意图。图片来源：URA

新加坡人口只有 320 万人，但国家进一步快速发展和人口快速增长的趋势已经明显，这一版概念规划将人口规划为 550 万人[3]，应对人口增长和发展需要的最主要对策是通过建立新的次级城市中心（区域中心）缓解新加坡中心区域的压力——由此，新加坡走向多中心城市格局（图 1-8），并影响其后的各版概念规划和总体规划。《1991 年概念规划》将全域分为 5 个区域[8]。每个区域都包含若干各自相对独立且兼容居住和工作的新镇，并有综合功能的区域中心。这是在建成度很高的情况下实施结构性改变的重大规划举措，新加坡全岛的城市结构关系大幅优化，大大增加了发展潜力。全岛公共交通发展和用地效率的关系也在战略层面得以明确，在交通发达地区大幅提高土地利用效率和功能复合程度的规划理念产生了深远的积极影响，是新加坡能够持续推出重大再开发项目（尤其在中心区域）的支持因素。基于概念规划确立的结构关系和提高土地利用效率理念，20 世纪 90 年代，新加坡全岛被划分为 55 个规划单元，每个规划单元完成了各自的发展指导规划（Development Guide Plan），以确保概念规划和总体规划的愿景和目标落实到具体的土地开发层面（图 1-9）。

　　进入 21 世纪的第一个概念规划《2001 年概念规划》（Concept Plan 2001，图 1-10）继承了新加坡以往规划和发展的优势与特征，

---

7. 时任新改组后的都市重建局首任局长兼总规划师的刘太格领导了《1991 年概念规划》的编制工作。
8. 5 个区域分别是东区域（East Region）、东北区域（North-East Region）、北区域（North Region）、西区域（West Region）和中心区域（Central Region）。

图 1-7 《1991 年概念规划》示
意图。图片来源：URA

图 1-8 《1991 年概念规划》提
出的多中心格局示意图。图片来
源：URA

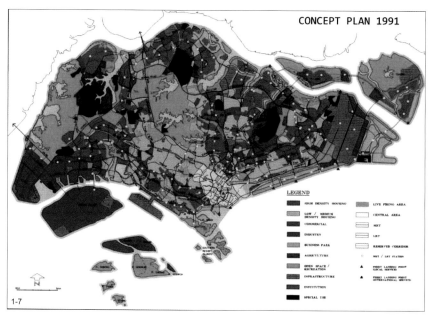

1-7

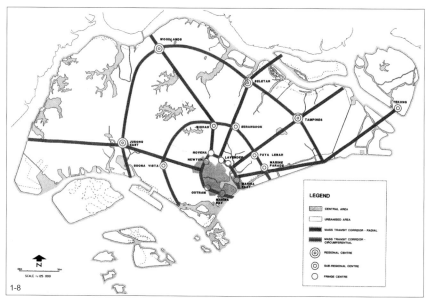

1-8

并将城市发展目标上升到更高层面，提出"繁荣的 21 世纪世界城市"
（Towards a Thriving World Class City in the 21st Century）的
发展目标。尽管这个发展目标与其他国家城市的口号式目标相似，但
这版概念规划引起新加坡社会各界关注和共鸣的是规划提出的核心内
容。规划聚焦新加坡进入 21 世纪后的三个重点发展问题——建设全球
性的商务中心、强化新加坡城市特色和提升城市生活环境水平。这一
版概念规划引进了"白区（白地）"规划理念[9]，目的是为土地开发增
加灵活性，引导土地开发走向混合功能，从而最大限度促进"工作—

图 1-9　20 世纪 80 年代末新加坡河口和驳船码头(Boat Quay)周边的城市景观。图片来源：G P Reichelt Collection, Courtesy of National Archives of Singapore
图 1-10　《2001 年概念规划》示意图。图片来源：URA

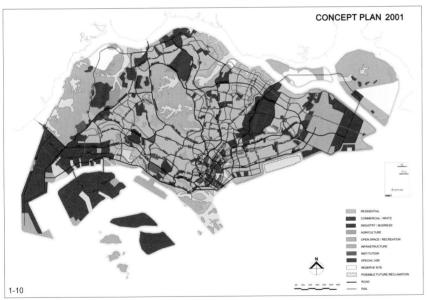

居住—游憩"整合的发展目标。规划还增加了对既有建成区的经济、社会和文化等维度的考虑，对发展与保护之间的平衡，以及对城市管理方面的内容都大大增强。

　　2010 年，新加坡人口达到 500 万人，在 1991—2010 年的 20 年间增加了 180 万人，这种快速的人口增长对土地利用模式和规划的创

---

9. 白区（White Zone，也被译为"白色区域"）和白地（White Site）在多数情况下并无严格区别，前者通常用于较大范围的用地，而后者通常指某块（或相互关联的某几块）开发建设用地。规划为"白区"或"白地"的土地的用地性质可以根据需求变化进行调整，允许承载多种功能，如居住、商业、办公和研发功能等，鼓励形成混合功能区。

图1-11 2019年的新加坡城市中心（局部），照片近景水体是滨海湾，中景是新加坡河及驳船码头一带。图片来源：作者拍摄

新性提出更高要求（图1-11）。基于此背景，2011年开展了新一轮的概念规划评估，根据评估和发展预测，推出《2013年土地利用规划》（Land Use Plan 2013，图1-12），明确了新加坡面向2030年的人口、土地和宜居性发展目标。这轮评估和土地利用规划可以看作是新加坡在21世纪10年代初的概念规划。规划将2030年新加坡人口设定在650万—690万人，通过填海、城市更新和土地利用方式创新等途径大幅扩展土地资源，并实现高度发展和高度宜居性之间的平衡，提出的规划发展目标是"所有新加坡人的高质量生活环境"（A High Quality Living Environment for All Singaporeans）。与《2013年土地利用规划》同步，新加坡政府2013年初发布了"人口白皮书"[10]，表达了新加坡将在人口和土地利用方面进一步大幅发展的国家目标。尽管这一轮概念规划引发了很大的社会反响（主要针对人口增长问题），但新加坡今后发展的大方向和原则得以明确。城市规划必然在土地利用方面进一步创新，否则无法承载预计的增长，更无法做好增长与人民满意度之间的平衡。

概念规划由都市重建局负责组织编制，但集合并统一了所有相关政府部门的思想，作为新加坡国家层面的文件明确城市发展方向、升级发展步伐和布局优化等重大问题，并将不同管理部门的政策和项目通过这份文件实现统一，确保部门之间在思路和行动上达成共识。概念规划对城市未来至关重要，是新加坡规划管理体系的"顶层"，直接影响其下的总体规划和规划实施管理。不应仅从城市规划专业理解

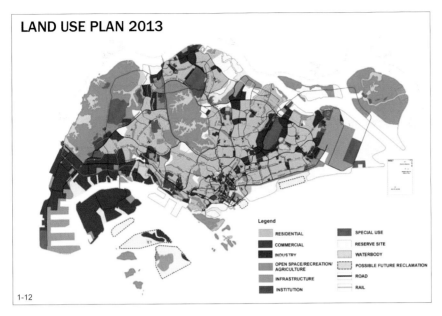

图 1-12《2013 年土地利用规划》示意图。图片来源：URA

新加坡概念规划，而应从政治、经济和社会结构性发展，以及城市（国家）治理能力和政府前瞻能力等维度进行观察和分析。

1.1.3 总体规划——作为城市发展（开发）行动计划的土地利用法定文件

　　总体规划将概念规划确立的城市发展理念和土地利用原则转译为土地利用规划，具体指导规划出台后 10—15 年的城市土地开发建设。作为一份公开透明的法定文件，总体规划明确新加坡全域每一块土地的用地性质（允许的用地性质范围）、开发模式和开发强度，也明确了 10—15 年间城市发展的重点区域和内容。各相关政府部门的发展计划，港口、机场、公共住宅、公园、产业园区的规划，以及可供市场开发的土地储备，还有已建成土地的更新等政府推动的或可能的城市发展举措都体现在这份中期土地利用规划文件上。每一块土地的相关规定都是出于整体考虑的结果，必须与概念规划层面的发展理念保持一致。总体规划本质上是城市土地开发建设实施计划，规划中列出的内容也就是要实施的内容，不存在"有规划但没有实施路径"的问题。总体规划确保相关政府部门、开发商和土地所有人能够明确理解与之相关的土地的规划意图，从而引导各类建设和开发项目依照规划意图开展。

---

10. 这份白皮书的英文名称是 A Sustainable Population for a Dynamic Singapore: Population White Paper。

图 1-13 《2019 年总体规划》示
意图。图片来源：URA

新加坡总体规划每 5 年修编一轮，以快速应对市场变化和社会新
需求。每一轮总体规划修编必须经过总体规划草案展览公示，征求公
众意见，根据公众反馈意见进行必要修改，整个公示和修改环节大约
历时一年。由于这个规划涉及相关政府部门、私营开发商以及每个市
民生活和工作的城市用地，大多数机构和市民对此非常关注。

《1991 年概念规划》将新加坡全域划分为 5 个区域，进而划定 55
个规划单元，至 1998 年每个规划单元的发展指导规划（大致相当于中
国城市规划管理中的控制性详细规划）编制完成，这 55 个发展指导规
划汇合在一起形成《1998 年总体规划》（Master Plan 1998）的主
体内容。概括而言，20 世纪 90 年代，从概念规划到总体规划（以及
总体规划包含的发展指导规划）的规划管理模式达到成熟。同时，设
立了与土地利用指标性文件配套的"城市设计导则"（Urban Design
Guideline）[11]，通过图示和文字表述针对重要开发用地的空间、美学
和历史建筑再利用等涉及城市公共利益的要素提出更高层面的要求和
设计引导。这个导则帮助开发建设机构，无论政府部门还是私营开发商，
更好地理解规划意图，也是都市重建局与开发建设机构共同研究更好
的解决方案，最大限度实现土地综合价值的沟通讨论基础。

新加坡最新推出的《2019 年总体规划》（Master Plan 2019）是
一份堪称教科书式的总体规划文件（图 1-13，图 1-14）——基于比较
理想的经济、政治和社会条件，这份总体规划以具体的土地利用规划
方式展示了一份未来 10—15 年的新加坡发展建设蓝图，清晰传达了一
个发达城市再上新台阶的行动计划。其他城市，尤其是试图进入全球

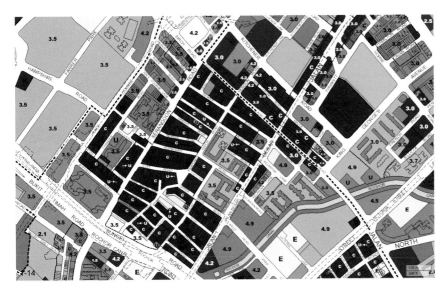

图 1-14 《2019 年总体规划》中
建成区局部示意图,图示范围位
于小印度区域(Little India),
每块土地上的数字表示容积率,
颜色表示用地性质。图片来源:
URA

城市行列的城市, 可以从这份总体规划中看到维持一个繁荣且可持续
发展的全球城市的必需举措。

1.1.4 土地出售和开发管控——与实施力量合作的过程管理

新加坡政府拥有新加坡大部分土地。基于概念规划和总体规划
设定的城市发展方向和建设目标, 新加坡政府主导统一规划建设新镇
和产业园区。就面积而言, 新加坡政府是最主要的城市开发建设者。
在确保整体目标的基础上, 在规划选定的位置, 通过政府土地出售
(Government Land Sale) 将部分土地转交给市场力量进行商业开发,
从而形成功能互补和共赢格局。尽管出售土地的比重较小, 但这些土
地往往有极其重要的地理位置, 尤其在中央商务区占比很高, 政府希
望私营开发项目实现政府建设举措不具有的特征, 尤其支持在商业设
施、商务办公楼和其他满足城市生活多样性需求的开发内容上通过市
场力量不断实现创新, 体现新加坡全球城市的特点和投资吸引力。因此,
政府出售的土地都经过精心规划, 确保土地对于私营开发商具有足够
的吸引力和价值潜力。

土地开发管控也是都市重建局的一项重要监管职能——通过评估
所有公共部门和私营开发商的开发项目设计方案, 确保每块土地开发
建设都符合规划意图和城市设计导则, 也要确保私营开发能够顺利实

---

11. 该“城市设计导则”也称为“城市设计和保护导则”(Urban Design and Conservation Guidelines),
是包含地块更新以及历史建筑保护相关的导则。新加坡的历史街区和历史建筑保护与土地开发管理有机结
合, 确保城市遗产合理更新和再利用是关键, 而非消极的静态保护。城市设计导则合理平衡保护与再利用
的关系, 两方面缺一不可。

施。总的来说，土地开发管控在平衡私营开发利益和公共利益之间发挥重要作用。私营开发商获得土地后，根据总体规划中确定的一系列指标和城市设计导则提出设计方案，可以对城市设计导则的某些要求与规划管理部门进行沟通和调整。针对具体土地开发项目设计方案的讨论有都市重建局的规划师和建筑师、开发单位聘请的专业设计单位，以及相关的规划设计顾问专家等方面参加，既能确保总体规划和城市设计导则的意图得以落实，又可以在某些问题上采纳开发单位提出的合理建议，因此，这个环节具有一定的开放性，能在实施过程中进一步完善规划的合理性。要遵守总体规划和导则的要求，也要争取土地开发综合利益最大化，并能满足城市公共利益，通过多方达成共识取得一个最佳方案，而不是对立面之间的妥协，这是过程管控的核心意图。在这种逻辑下，市场力量对新加坡城市规划的细化和优化起到了重要作用，都市重建局吸纳了大量来自市场力量的合理建议，这对于规划管理部门提升创新能力，更好地为城市经济发展服务至关重要。

1.2 城市规划管理的主要原则

新加坡城市规划相关文件，以及 2015 年前后出版的纪念新加坡建国 50 周年的一系列对新加坡发展作出重要贡献的人员的访谈或回忆录中经常会谈到新加坡规划和管理的原则，表述方式各有不同，但要点基本一致，可以归纳为以下 5 点。这些原则很容易理解，但并非每个城市都能做得到。

1.2.1 长远考虑

由于土地资源有限，在发展过程中，新加坡土地规划需要不断对几类主要用地之间的关系和影响因素进行平衡，并做必要的取舍。这往往是困难而且存在矛盾的过程，如果判断和土地规划发生错误，后果将十分严重。因此，长远考虑——明确未来发展需求和目标对于新加坡土地规划是至关重要的。新加坡各个版本概念规划中包含的长远发展理念和一系列对策奠定了新加坡规划的基石，塑造了当今新加坡城市发展格局和未来进一步发展的方向。概念规划和总体规划也发挥着一个战略研究平台的功能——集聚所有相关政府部门力量，共同研究和确立长远发展目标，从而最大限度减少部门之间可能存在的冲突，形成共识，而且往往能在跨部门研究过程中形成更具创造性的对策提案。同时，政府注重将长远发展目标和发展路径向公众宣传，以获得民众的理解和支持。

1.2.2　城市规划能够实现跨政府部门整合

为了确保规划有效且按进度实施，各政府部门之间达成高度协作，从而确保土地开发、基础设施建设和产业发展等方面的规划实现高度整合。这一整合特点保障新加坡城市建设有序推进，如城市基础设施建设必然早于其他方面的建设，将开发建设过程中的不利影响因素降至最低程度等。新加坡政府各部门之间的整体化程度很高，与土地规划相关的若干部门 [12] 与土地规划专门机构都市重建局密切合作，并通过总体规划委员会和定期的总体规划评估参与土地规划，在这一过程中实现各个部门相互支撑的格局。

1.2.3　规划过程透明

新加坡政府部门制定的详细土地规划文件和开发管控要求，以及政府开发收益等信息一直对大众公开。这种做法可以让投资人、开发商、各类开发项目权益人和相关机构明确掌握土地规划的具体信息和政策导向，也让普通民众更加了解土地相关的政务。

1.2.4　规划必须有效实施

土地利用规划由于种种原因不能实施的情况在很多国家非常普遍，正如中国规划界所说的"墙上挂挂"的尴尬状态，但这种情况在新加坡是不存在的。法律确保下的政府部门的执行能力是规划得以实现的基本条件。受英国体制的影响，新加坡城市规划和法制建设起步早，20世纪60年代的早期法令对奠定城市规划管理的法制格局具有重大深远意义，尤其是《土地征收法》[13]（Land Acquisition Act）和《再安置法》[14]（Resettlement Policy）两项法令，在允许政府强制征收

---

12. 与本书各章内容相关的多个新加坡政府管理部门在各自官方网站上发布的大量公示文件和资料是综合了解新加坡城市规划与发展的重要参考。
13. 1966年颁布的《土地征收法》要求政府以与市场价值等同的补偿金从私人所有者处购买土地用于国家发展。
14. 《再安置法》也可译为"动迁政策"，是指通过补偿、奖励和援助的方式（如在公共住宅里预留一定比例户数安置动迁户等措施）使新加坡的土地清理和安置工作能够迅速高效开展的政策和路径。这一政策对新加坡建国初期快速清理出土地发展公共住宅，解决房荒问题起到很大作用。建屋发展局下设的安置部门负责所有公共目的的土地清理安置相关工作。1975年起，工业地产相关的土地清理和安置工作由负责产业发展的部门执行。

用于公共目的的土地时发挥了关键作用——确保公共设施和重大项目所需的建设用地，也确保城市开发按照国家发展理念有序进行。为了实现具体的规划发展目标，规划实施过程中特别设计了兼具强制要求和奖励手段的推进机制，引导私营开发商等市场力量走上规划提出的发展方向。为了充分发挥市场力量，规划管理部门刻意加强与私营开发商等市场力量的沟通，在规划制定过程中主动征询开发单位的意见，吸纳合理建议，并建立了与市场力量定期沟通的机制，增强了解，互相促进，这对新加坡规划实施起到了重要推进作用。

1.2.5 规划具有灵活性和创新意识

　　新加坡政府强调规划必须保持一定的灵活性和弹性，各项规划必须定期进行评估和优化。由于国家小，新加坡对社会和经济的变化趋势非常敏感，如果规划不能及时做出合理调整，就会带来严重的不利后果。政府土地出售计划每 6 个月评估一次，且定期向房地产开发领域征询意见，以此更好地了解市场需求并相应调整土地供应。除了开发商外，规划部门还定期组织与规划设计、资产管理、城市研究等领域人士的意见征询会，通过征询平台深入了解各方面关注的规划相关的问题，为定期或不定期的规划调整做好准备。由于特殊的土地资源限制条件，新加坡规划管理必须通过各种创新方式（从法规制定到项目设计方案）达到土地利用的最优方案，城市越发达，规划管理中的创新意识就越强烈和敏感。但同时，新加坡规划管理也有"保守"的一面，不会因为某项新技术"前沿"而贸然采用，必须研究分析其在其他城市中的应用情况，并经过在新加坡小范围的一两轮实验后才能进入全面应用。新加坡的实施 TOD 大型开发项目、通过推广自行车提升城市交通系统能力、以超常规方式利用地下空间等一系列未来将全面推广的创新举措，其实都是审慎研究了全球范围这些领域做得最好的城市的经验，结合新加坡特点，并考虑了市场因素而提出的。

1.3 新加坡城市规划管理的特殊性和面临的重大挑战

1.3.1 基于新加坡自然条件和经济社会状况的特殊性

　　新加坡城市规划和建设发展经验是包括中国在内的一些国家学习

研究的重要对象，但是，研究分析新加坡城市规划管理经验，必须理解新加坡的特殊性，否则很难解释新加坡的城市表象。

（1）新加坡作为一个岛国，而且是一个城市国家，一方面没有从乡村向城市进行人口转移的压力，另一方面可以通过国家政策，依据发展需要调控外来人口，这是绝大多数城市不具有的特点。

（2）新加坡政权从建国至今十分稳定，是一党执政，而且政府高度重视规划，这种很强的稳定性既确保了制定规划时不需要太多的妥协，也确保了规划实施的长期连续性。

（3）从建国至今的半个多世纪，新加坡政府直接拥有的土地占国土面积的比例从 40% 多增加到 80% 多，翻了一番。其中一部分土地是靠填海得来的，另一部分是长期有计划地征收而来的，这很利于城市的整体规划。如果从国家经济发展考虑需要建一个工业园区或其他新区，比较容易规划和实施。

（4）因为城市国家的地域范围小，不管政治家卸任后到哪里任职，都在这 700 多平方公里之内，没有一个"市长"能够在做出短暂的政绩之后到几百、几千公里以外去当领导，这就要求政治家的眼光要放长远，因为容易被追究责任。而且，新加坡的主要政府部门都在一个层级上，没有省、市、区等多个行政层级，上下层级协调比较容易，很多问题通过政府的十几个部门一起坐下来研究就可以解决。此外，新加坡政府部门之间的整合运作能力很强，这也是新加坡政府部门高效率的一个重要体现。

（5）新加坡在 1965 年建国时，城市建成区的范围很小，所以几乎是在一张白纸上建设国家，束缚较少。但同时，在 700 多平方公里的范围内，除了少量农业用地外，作为一个国家应该有的设施，如机场、港口、电力设施、军事用地等，都必须充分满足其用地要求，包括实现用水自给，需要在规划上处理好这些设施和用地与城市生活的关系。因此，新加坡对用地极其谨慎。

1.3.2　重大挑战：土地、人口和再上新台阶

土地和人口始终是新加坡面临的挑战。由于新加坡国土和人口规模很小，无论任何问题都必须先几步考虑，以应对外部环境的变化，同时必须保持相当规模和速度的发展，才能在竞争日益激烈的全球格局中立足，进而谋求在第一世界中的排名和重要性进一步提升。在既有发展程度上，当前新加坡城市规划面临的问题和挑战也相当

严峻——主要挑战依然来自人口和土地两方面，还有面向更高发展目标而必须面对的新问题。

人口是发展的支撑条件。新加坡由于国家人口规模小，仅依靠自身的生育率不可能维系社会进一步升级发展，且人口老龄化程度日益明显，而金融和研发等第三产业发展需要的高级人才也不可能完全来自既有人口，一定规模引进外来人口是必然需要。与人口相关的两个问题必须面对：①如何应对社会老龄化——从政策到社区环境细节设计的各个相关层面都必须加强；②如何确定外来人口的上限，以及如何权衡外来人口与本国人口之间在资源等方面的利益冲突问题。新加坡政府2013年初发布"人口白皮书"，提出至2030年新加坡人口将达到650万—690万人（2012年新加坡人口为531万人）。这份白皮书的发布立即引发民众一系列反对之声，促使政府进一步加大对公共住宅、公共交通、公共空间和民生配套各项设施的投入力度。从新加坡以外的局外人角度观察，新加坡面积与上海中心城区（大致为外环线以内范围）相当，而后者承载人口超过1000万人，以新加坡目前的公共交通发展规划、土地利用模式和产业发展规划等诸多方面分析，新加坡未来的目标人口规模一定超过1000万人，尽管尚无官方文件明确提及这个数字[15]。新加坡人口达到和超过1000万人的潜力和实现条件明显存在，将为新加坡带来的巨大积极意义也不言而喻，但必然是一个长期的，需要协调好各方面问题的，逐步演化的发展过程。

土地资源一直是新加坡规划的核心问题。因为土地资源有限，而必要的设施用地不可能减少，也不能减少绿化等确保环境优势方面的用地，进一步拓展土地资源并提高建设用地的密度（土地利用强度）成为必然。大幅增加密度的同时，保持甚至增强宜居性是新加坡城市规划和建设发展的重大挑战，这是西方发达国家不存在的问题。《2019年总体规划》提出的进一步土地开源、大尺度地利用地下空间[16]等都是创造性地利用土地的新举措（图1-15），意图形成土地利用效率倍增，而非小幅增加的实际成效。

"不进则退"的道理对所有国家和城市都适用，新加坡对此更敏感，因此，再上新台阶是新加坡规划和发展的必然选择。为了进一步提升竞争力，新加坡还要面对一些如何实现更高标准的新问题，如城市文化品质层面的提升，以及公众参与规划等。除了为本国人口提供更好的生活环境外，新加坡要在全球范围内继续吸引更多、更高层次的人才，与亚洲其他重要城市之间的竞争会越来越激烈。在目前发展程度的基

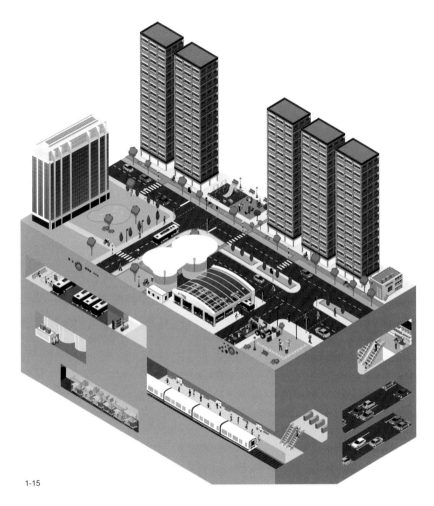

1-15

图 1-15 新加坡都市重建局与奥雅纳公司 2018 年联合发布的地下空间开发利用研究报告中的代表性示意图。图片来源：URA, ARUP Singapore Pte Ltd

础上，除了继续保持在自然环境和建成环境方面的优势外，提升城市文化品质是新课题之一。新加坡大部分的城市区域是在过去半个世纪里快速建成的，作为国家重要建设成就的公共住宅承载了超过 80% 的人口，很好地满足了使用需求，但从更高标准来看，城市空间多样性不足的问题比较明显，也需进一步地提升。李光耀在 2000 年出版的回忆录的前言中明确指出，"还需要一代人努力，将新加坡在艺术、文化和社会等软件方面的发展提升到与世界一流城市硬件条件相匹配的水平"[4]。如何再上一个台阶，能供新加坡参考的对标城市案例为数寥寥，城市规划必须进一步创新。

---

15. 2013 年，刘太格在新加坡规划师协会（Singapore Institute of Planners, 简称 SIP）与新加坡国立大学建筑系联合举办的主题为"新加坡 2030 规划"的论坛的发言中谈道："……新加坡规划应该放眼 2030 年以后，考虑在 2100 年或许应承载 1000 万人口……"参见 https://www.straitstimes.com/singapore/look-ahead-to-10-million-people-by-2100。

16. 由新加坡都市重建局与奥雅纳公司（ARUP）于 2018 年联合发布的有关全球最佳地下空间利用的研究报告（公众版）以图文并茂、简明易懂的形式向社会宣讲今后新加坡大力开发和多途径利用地下空间的规划意图和发展趋势。

1.4 《2019 年总体规划》

新加坡最近两期的总体规划——《2014 年总体规划》（Master Plan 2014）和《2019 年总体规划》能清晰反映出新加坡过去 10 年的发展轨迹和未来 10—15 年的发展蓝图。新加坡总体规划在都市重建局官方网站上有详细的面向大众的公开资料 [17]，且有用地规划指标等详细规划图纸，并欢迎市民反馈意见。比较相距 5 年的两版总体规划，新加坡应对当前挑战的创新性对策的发展速度、系统性的规划升版幅度、重大举措的创新性等方面令人印象深刻。整体而言，《2014 年总体规划》是对新加坡已有的规划关键领域的进一步强化，尤其关注住房、交通、经济、市民休闲娱乐（环境）、历史传承和公共空间六个领域，而《2019 年总体规划》更多是面向充满不确定的未来提出一系列创新性对策和重大开发建设举措，新加坡进一步升级发展的路线图和行动计划比较清晰。《2019 年总体规划》包含三部分内容——主题性内容、区域升级重点举措和城市转型重大开发项目，三部分内容在一定程度上有所交织，但各有其背景、目标和发展演变过程。

1.4.1 主题性内容

主题性内容是对新加坡既有城市规划管理内容的进一步强化，与以往发展脉络连贯，但实现升级，进一步凸显新加坡规划和开发的优势领域，是保持国民生活水平、城市经济发展、城市交通等综合能级和应对环境变化可持续发展能力不断提升的五方面内容。

（1）建设宜居且包容的社区。确保国民安居一直是新加坡规划管理的第一要务，住宅和社区发展也是每一版总体规划中的头条内容。2019 版总体规划提出社区建设进一步加强的四点内容：①升级住宅理念，为市民提供多种住宅选择；②建设适合所有年龄段的便民设施以满足人口不断变化的需求；③增加更多绿化和休闲空间；④创造有活力的公共空间，从而增强社区凝聚力和魅力。

（2）若干区域中心（城市副中心）强化为全球经济门户。为刺激新加坡经济进一步发展，以多中心格局对接全球经济，让更多新加坡人受益于新加坡在全球网络中商业和金融等方面的中心位置优势，除了南部中央位置的新加坡城市中心外，在东部、西部和北部均布置了重要的交通基础设施——东部设机场，北部设与马来西亚跨境连接的地铁枢纽站，西部设港口，在多点形成新加坡与外部市场的空中、铁

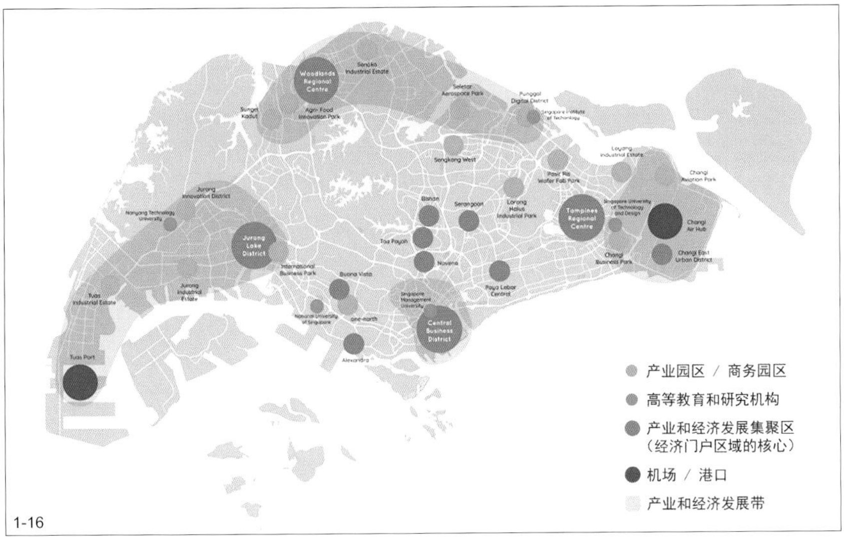

图 1-16　经济发展带和经济门户区域规划示意图(2019 年)。
图片来源：URA

路和海上联系，同时结合重大交通设施发展就业集聚区，形成新的重要经济门户区域（图 1-16）。除了经济门户外，还将发展多个商业和工业开发节点，一方面支持经济增长，另一方面确保实现就近工作、就近居住和生活的新城区。快速建设新的经济门户和重要发展节点需要大胆的政策支持和创新举措，总体规划提出了创立新型企业区（更大的开发灵活性）、高效使用国有土地、灵活使用工业空间和复兴既有工业节点等具体举措。

（3）振兴老社区。在大幅增量的同时，对既有的老社区实施有效振兴手段，确保老社区与新加坡发展同步。主要有三方面举措：对大巴窑和荷兰村等特色区域通过局部改造提升环境和设施质量，保持历史特色并焕发新活力；保护再利用历史遗产；规划管理部门与其他部门和团体共同开展保存社区记忆的工作。

（4）建设具有可持续性和韧性的未来城市。2019 版总体规划前瞻性地、明确地、具体地提出关于应对气候变化、资源循环利用和未来发展空间三方面的重大举措，是新版总体规划的突出亮点之一。应对气候变化方面提出建设新型海岸线、减轻洪水风险、确保温度舒适和通过部分自给确保粮食安全四项内容，都是通过研究全球范围内的参考案例而得出的创新举措和计划。大规模、新模式的地下空间利用也将是新加坡未来开发的一个重点，总体规划中已经呈现出巨大的开发利用潜力。

---

17. 新加坡都市重建局官方网站关于总体规划的内容详见 https://www.ura.gov.sg/Corporate/Planning/Master-Plan。

（5）持续打造便捷和可持续的交通。交通是新加坡未来升级的关键，是规划的重中之重，是新加坡今后进一步扩大人口规模的前提条件。总体规划中明确了多管齐下强化城市交通能力的各项举措：进一步强化公共交通网络，未来新加坡 80% 的家庭居住在距离轨交站点 10 分钟步行范围内；持续打造良好的步行和骑行（自行车）网络；以综合交通走廊（地下或地面专用隧道）方式确保公共交通优先；通过改变停车模式形成更多利于步行和骑行的空间范围；进一步优化道路和设施细节设计，提升使用效率和友好性；利用新的交通科技和商业模式使物流更加高效，减少负面干扰。移动服务平台、自动驾驶汽车和新的物流网络等新技术都将在未来普遍采用，影响交通、居住和城市空间的一些不利因素将大大改善，新技术的潜力在政府的统一引导和规划支持下将发挥巨大积极作用。

1.4.2　区域升级重点举措

新加坡的 5 个区域各能容纳 100 万以上居民，并在各自范围内进一步细分形成几个高度自足的新镇（New Town）。中心区域内的城市中心是新加坡 CBD 所在地，目前在积极开发建设金沙湾新区，将实现既有 CBD 的大幅扩容和升级。2019 版总体规划对 5 个区域和城市中心范围分别提出未来 10—15 年发展的核心战略、更新发展目标、各区域范围内的重点地段和重要建设项目，规划内容十分具体。以北部区域的新城区开发建设为例，规划明确公布了公共住宅和轨道交通开发建设项目、市场投资的商业和产业项目、新增公共设施建设项目，以及休闲、历史遗产保护和塑造区域个性方面的实施举措的详细内容。

1.4.3　城市转型重大开发项目

2019 版总体规划提出的城市转型重大开发 8 大项目都是新加坡规划发展的新增长点，也是影响全岛空间格局优化的综合性发展项目，不仅促进经济增长，也使工作机会和生活设施更接近市民，并确保市民最大程度受益。

樟宜地区（Changi Region）——樟宜机场周边地区综合开发，除了形成一个与世界相连的航空门户及其附属的货运和物流园区等功能外，承载新加坡科技设计大学和樟宜商业园的樟宜新城（Changi City）将是一个包含居住功能的以创新研发为特色的综合功能社区，将吸纳与货运、航空、人工智能和机器人技术相关的研发企业和机构进驻。围绕这一地区的滨水线、环岛绿道和丰富的自行车骑行网络将赋予这一地区新生活方式的特色。

北部郊野岸线（Greater Rustic Coast）——新加坡北部从林厝港到樟宜长达 50 公里的连续岸线将发展为充满郊野绿带特点的大众休闲区域。沿这条岸线分布了大量新加坡军事和工业遗迹，其郊野特征与新加坡南部海岸沿线形成鲜明对比。

南部滨水区（Greater Southern Waterfront）——由于港口向西转移，从巴西班让（Pasir Panjang）至滨海东部（Marina East）的南部滨水区将被改造成全新的城市生活区域。综合开发将包括建设保存工业遗迹的公共休闲中心、新住宅区、滨水景观休闲带和公园，同时新增两个地铁站。开发工作将分阶段进行。

加冷河（Kallang River）——加冷河蜿蜒穿过新加坡多个新市镇和工业区，未来将进一步为沿河地区注入新活力，发挥这条河流的更大的积极作用：沿加冷河开发新住宅、工作娱乐场所和社区空间，形成综合功能区；从 2020 年开始实施基础设施改造工程，以期带给人们沿河无缝衔接的步行和骑行体验，改变目前河岸线被多处切割的问题；进一步实施水体和岸线综合改造项目，引入更多体育和社区设施，同时增加生物多样性。

巴耶利峇空军基地（Paya Lebar Airbase）用地——2030 年起，新加坡巴耶利峇空军基地将逐步搬迁，腾出 8 平方公里的土地用于新发展，这块腾出的土地及周边工业用地有 5 个大巴窑新镇的规模，而且有丰富的航空和工业遗产特征，将逐步开发为一个高度宜居和可持续的新城区，也将借此机会推出更高版本的新镇模式。

榜鹅数字区（Punggol Digital District）——将新加坡理工学院（Singapore Institute of Technology）和裕廊集团（JTC Corporation）[18] 的商业园整合到榜鹅北部，打造新加坡首个智慧城区。这一智慧城区不仅容纳支持数字经济增长的关键行业，还将为周围社区创造包容的绿色生活方式。榜鹅数字区将为土地使用组合提供灵活性，让产业界和学术界通过共享工作空间和设施而相互融合，促进关键新兴技术之间的协作。此外，这一地区也是新加坡智慧城

---

18. 裕廊集团成立之初的名称是"裕廊镇管理局"，英文名称为 Jurong Town Corporation，简称 JTC。改称裕廊集团后的英文名称为 JTC Corporation，仍简称 JTC。裕廊集团是推进新加坡产业园区规划建设、管理运作和升级发展的最重要机构。

市规划和建设的实验区域，将应用规划新手段和一系列智慧城市新技术。

铁路走廊（Rail Corridor）——长达 24 公里的昔日铁路线 [19] 正在进行沿线公共绿化和社区空间的改造和连接，将形成一条贯穿新加坡的绿色走廊，这一举措对铁路沿线 1 公里范围内居住的约 100 万居民意义重大，也将影响新加坡全岛的空间结构，未来的北部海滨地区和南部海滨地区将通过这一跨岛绿色大动脉相连。铁路走廊沿线绿化和公共空间改造工程完成后，将刺激沿线区域的更新改造和老城区复兴。

兀兰区域中心（Woodlands Regional Centre）——处于连接马来西亚的战略位置，将发展为新加坡北部最大的经济中心。未来 15 年将实现超 1 平方公里的土地开发，引入新的商业、工业、研发、学习和创新空间。兀兰区域中心将承担新加坡农业技术研发、垂直农业和食品产业中心的战略职责。利用立体农业生态技术的高科技农场和立体化食品加工产业中心为新加坡提供大量农产品和食品供应，支持新加坡农业和食品行业的创新并提供大量就业机会。

新加坡政府组织架构下的一体化的城市规划管理是新加坡城市硬件持续发展的根本保障，充分发挥了为新加坡经济社会发展服务的职能。可以说，新加坡是全球为数不多的，能够将城市规划的引领作用发挥到很高水准的城市之一——城市规划能够高度实现，而且能够在实施过程中保持很大灵活性，总体规划和各个规划单元的发展指导规划都能不断调整和升级，而整体发展思路又能保持连贯。从城市规划管理内容上看，大部分全球其他城市的规划管理体系与之看起来很相似，但从规划的有效性和实施程度，从规划对经济社会发展的支持作用、对市民生活品质的影响作用、对发挥市场力量参与城市发展的积极作用等方面看，差异显而易见。

---

19. 这条铁路指新加坡从北到南延伸的一条铁路线，被称为 Keretapi Tanah Melayu（KTM）铁路线，由马来西亚铁路有限公司运营。这条铁路线北接马来西亚，南端终点站是位于新加坡中央商务区的丹戎巴葛火车站（Tanjong Pagar Railway Station）。经新加坡、马来西亚两国谈判，这条铁路线于 2011 年停运，铁路线在新加坡境内所占土地归还新加坡。

主要参考文献

[1] CHOE A F C. The early years of nation-building:reflections on Singapore's urban history//HENG C K. 50 years of urban planning in Singapore. Singapore: World Scientific Publishing, 2016: 6.

[2] 王才强，沙永杰，魏娟娟 . 新加坡的城市规划与发展 . 上海城市规划，2012(03): 136.

[3] 韩昕余 . 小红点·大格局：新加坡建国之路 . 新加坡：新加坡宜居城市中心，2016：64.

[4] LEE K Y. From third world to first:the Singapore story 1965 – 2000. Singapore: Marshall Cavendish, 2009: 13.

[5] 王才强 . 新加坡城市规划 50 年 . 高晖，林太志，陈诺思，等，译 . 北京：中国建筑工业出版社，2018.

[6] HENG C K, YEO S-J. Urban planning. Singapore: Straits Times Press, 2017.

[7] A+U. Singapore: capital city for vertical green（新加坡：垂直绿化之都）. Singapore: A+U Publishing Pte Ltd, 2012.

第 2 章 公共住宅与新镇模式

沙永杰

新加坡公共住宅是指由建屋发展局（Housing and Development Board，简称 HDB）主持开发的住宅，在新加坡被称为"组屋"，各种官方资料或研究文献中经常用建屋发展局的简称 HDB 来指代新加坡公共住宅[1]。目前，超过 80% 的新加坡人口居住在 HDB，在国家力量推动下，HDB 形成了新加坡城市居住环境的绝对主体，而且不断发展改善，居民对居住环境的满意度相当高，且 90% 住户拥有公共住宅的产权。在国际范围，新加坡公共住宅模式被看作是解决当代住宅问题的一个成功典范。

2.1 新加坡公共住宅概述

2.1.1 将政治、经济和社会发展紧密整合的国家举措

新加坡公共住宅的缘起是出于政治和民生的综合考虑。新加坡 1959 年成立独立政府至 1965 年成为独立共和国的这段时间，新政府面临严峻的居住问题——由于自 20 世纪 40 年代末有大量移民不断涌入，新加坡建国之初的 180 万人口中有超过三分之二聚集在今天的城市中心范围内极度拥挤的贫民窟或城郊棚户区。因此新政府成立之后立即在 1960 年成立了建屋发展局解决住宅问题，1964 年推出住宅产权制（Home Ownership for the People Scheme），使低收入阶层能够以政府补贴的低价格购买住宅产权，并在 1968 年出台公积金制度（Central Provident Fund Housing Scheme），进一步帮助广大低收入者克服首付款问题，减轻月付压力。在建国之初就努力让人民拥有房产有深层意图——一方面是激励人民努力工作，另一方面是以此加强对新建立的国家的责任感。新加坡建国总理李光耀曾回忆建国之初对住宅问题的思路："1965 年新加坡独立时面临大选，而各个国家的选举中选民投票给反对党的情况屡见不鲜，我们下决心让家庭拥有自己的房产，否则就不会有政治稳定。同时，我的另一个重要意图是要让父母拥有一份需要他们服兵役的孩子去保卫的实实在在的财产"[1]。因此，新加坡公共住宅从一开始就有极其深刻的政治特征。

新加坡公共住宅模式与国家经济和国民个体利益之间的关系十分明确，简单地说，就是用国家的经济能力为国民提供住宅，不存在"银行贷款"和"开发商"这两个因素，绝大多数老百姓的住房问题只需要和政府控制的中央公积金局（Central Provident Fund Board）和

建屋发展局两个机构打交道。换句话说，为绝大多数国民提供高质量和可承受价格的公共住宅是基于国家整体经济能力和政府部门运作能力两个根本条件。

由于从一开始就把公共住宅上升到确保国民对国家认同的政治高度，新加坡用国家力量推进实施公共住宅建设，并刻意不断保持进步来强化国民对政府的信心，同时适应其多元文化的社会特征，以严格的政策确保多种族和谐共处。公共住宅在新加坡当代社会中占极其重要的地位，是社会和经济繁荣的一个重要基础。整合了政治、经济、社会民生和文化等方面的公共住宅体系成为当代新加坡社会和新加坡文化的重要组成部分，也是新加坡独特性的一个重要体现。

2.1.2　公共住宅和新镇模式的发展过程也是国家发展和城市化的过程

新加坡建国之前的城市建成区集中在新加坡河南北两侧的临海区域，大致是今天的城市中心范围。至 20 世纪 70 年代中期，城市建成区仍主要集中在距新加坡河口 8 公里半径范围内，建屋发展局最初 15 年建设的 50 余处公共住宅开发项目大多位于该范围内。20 世纪 60 年代后期，由联合国专家协助完成的《1971 年概念规划》基本奠定了当今新加坡的城市结构——基于原有城市建成区开发建设中央商务区（CBD），城市以环形结构向北扩展，同步发展岛屿南侧沿海地带，并在岛中央留出自然保护区。但这一概念规划中设想的大范围低密度住宅区在后来的实施中被改为高层高密度的公共住宅区。而且，新加坡公共住宅的发展采用了综合功能的新镇开发模式，新镇不单纯是居住功能，在很大程度上可以独立运行，都有一定比例的工业用地为居民提供就近工作机会。从新加坡的新镇分布情况看（图 2-1），新镇发展是新加坡城市化过程中占最大比重的一个"层"，其他重要的"层"还有集中的工业区和航运区、确保环境品质的"水"和"绿"，以及重要公共设施等。

20 世纪 70 年代中期之前的公共住宅发展与城市中心范围的城市更新密不可分。最初建设的公共住宅项目限定在上述 8 公里半径范围内的目的（和原因）是将城市中心转化为 CBD，而腾出空间的前提是将居民安置到新建的离城市中心不远的公共住宅区。如今，新加坡城

---

1. HDB 在与新加坡相关的资料中可以指代两个含义：①指新加坡建屋发展局；②指建屋发展局建设的新加坡公共住宅。这两个含义关联性强，读者可以根据上下文很容易理解具体指哪个含义。还有一些文献将新加坡公共住宅表述为 HDB Flats 或 HDB Housing。

图 2-1　新加坡新镇和公共住宅开发区域示意图(2003 年)，图中地名为新镇名称。图片来源：根据 HDB 相关资料绘制

市中心已发展为亚洲最重要的金融区之一，林立的高层商务办公楼和历史保护街区相互映衬，体现东西交融、传统与现代共生的新加坡特色（图 2-2）。

　　20 世纪 70 年代中期以后，随着公共住宅开发用地与城市中心距离的增加，新镇能很大程度上独立运行的特征越来越明显，新镇的基本模式得以确立，并随着新加坡新镇的增加而不断演化，影响至今（图 2-3—图 2-5）。新镇模式塑造了大多数当代新加坡人的生活方式，主要体现在两个方面：①相当程度地保持了传统城市中步行的、与邻里有相处的日常生活行为，如去摊贩市场买菜、买日常用品，在拥有众多小摊位的饮食中心吃饭、喝咖啡，去社区图书馆或社区中心参加活动等，而这些行为是发生在那些统一规划建造的大型现代建筑所形成的环境中，甚至是在一个大型的购物中心内；②多元文化的和谐共存，这在传统城市中并不常见（在英国殖民统治时期，新加坡的种族分区十分明确），在世界其他地区也不常见，当代新加坡公共住宅社区中多种族和谐共处的成就归功于 1989 年提出的种族团结政策（Ethnic Integration Policy）和相关的管理规则——以法律形式要求各个公共住宅社区必须保持严格比例的不同种族人口构成——与国家总人口中各种族构成比例基本相当，以确保不同文化和种族融洽相处于同一屋

2-2

檐下。从实际情况看，看似强制的种族团结政策非常成功，深得人心，其影响不仅仅在住宅社区，也体现在工作、教育等各个生活场景，成为新加坡的社会和文化特征之一。伴随城市化过程产生了一种新的当代城市生活方式，它保持了相当的传统特征，并实现了多元文化的共存。由此而言，以新镇为特征的新加坡城市化模式是第二次世界大战以来全球范围内极少的新城建设的成功模式之一——这也是新加坡新镇模式在国际范围内备受关注的主要原因之一。

图 2-2　新加坡城市中心，摄于 2010 年。图片来源：Someformofhuman/ Wikimedia Commons

2.1.3　政府职能部门发挥绝对主导作用

　　建屋发展局执行新加坡公共住宅的规划、设计、建造管理、出售、日常管理、交易和贷款等所有环节，不是"政企分开"，而是完全负责。由于新加坡公共住宅覆盖率高达 80% 以上国家人口，建屋发展局的作用实际上远远超出提供住宅，其职能包含了在其他国家由银行、开发商、规划单位、建设监理公司和建筑设计公司等机构承担的功能，"权力"极大。就建筑设计而言，建屋发展局设有庞大的、具有制定专业标准能力的设计部门，以此确保设计质量和设计思想符合综合目标的要求。当然，这种模式必须建立在政府部门的廉洁透明和执行能力基础之上，也依赖于宏观系统的合理性。

　　另外，关键位置的管理人才是一个极其重要的因素。建屋发展局如同其他新加坡政府部门一样，由最优秀人才作为部门领导者，被誉为"新加坡城市规划之父"的著名规划师、建筑师刘太格是一个典型例子。1969 年，当时在纽约贝聿铭事务所工作的刘太格被建屋发展局聘为设计和研究部主任，其后 1975 年任建屋发展局总建筑师，

图 2-3 女皇镇(Queenstown)的锦茂(Ghim Moh)社区,靠近纬壹科学城,摄于 2012 年。图片来源：Koh Sun Yew

图 2-4 宏茂桥新镇(Ang Mo Kio),摄于 2011 年。图片来源：作者拍摄

图 2-5 宏茂桥的德义(Tech Ghee)社区,摄于 2012 年。图片来源：Koh Sun Yew

1979—1989 年任局长，负责了 24 个新镇、超过 50 万个居住单元的开发。刘太格 1989 年担任新改组的都市重建局的局长兼总规划师，领导制定了《1991 年概念规划》并奠定新加坡历史建筑保护的基本框架，为新加坡城市发展作出极其重要的贡献。从 20 世纪 60 年代至今，关乎城市规划和发展的重要政府部门（尤其是都市重建局和建屋发展局）的领导人具有一些共性特征：奉献国家的责任心和使命感，兼具前瞻眼光和务实操作的工作能力，以及专业方面的突出优势等——这是新加坡"精英治国"理念的体现。

2.2 1960—2010 年的 5 个发展阶段：从"量"到"质"，再到"多样化"

从 1960 年初建屋发展局成立至 2010 年的半个世纪，以每两个"五年计划"为一时段，新加坡公共住宅的发展经历了 5 个阶段，每个阶段的发展特征鲜明，各有重点针对问题、相应的政策措施和实施成果，呈现出一个快速连贯、不断进步的发展过程。这半个世纪的发展历程为 2010 年后新加坡公共住宅进入一个全新发展阶段奠定了坚实基础。

2.2.1 20 世纪 60 年代

这 10 年奠定了新加坡进行大规模公共住宅开发的基础和格局，以立法、国家职能机构、住宅金融政策三方面为代表的新加坡公共住宅体系成型。这也是新加坡国家建设的第一个 10 年，新加坡政府把改善大众居住条件看作国家经济发展和政治稳定的前提。在立法和完全国家财政的支持下，新成立的建屋发展局综合了清除贫民窟、土地管理、规划、设计、建造、出租出售和管理等几乎所有与公共住宅相关的职能，以极高的效率，在 10 年内完成 12 万套住宅，使 34.6% 的人口住进新的公共住宅。为了快速、大量地提供公共住宅，这一时期住宅标准较低（低造价），与中国同时期的情况很相似，全部采用标准化的住宅单元平面，在政府补贴下按照最低的租金或出售价格提供给居民，将租金和月付控制在平均家庭收入的 15% 左右。1966 年出台的《土地征收法》为建屋发展局在土地资源整合、公共住宅建设和城市基础设施建设上提供了法律支持，大大加快了清除城区内的贫民窟和城郊棚户区的步伐。控制价格，快速、大量地为低收入阶层建造住宅是这10年的主要工作。

与公共住宅租售相关的一系列政策和制度也在这10年内奠定了格局，这些政策随着国家经济和相关方面的发展不断调整优化，直至今日。首先是对公共住宅居民资格的规定，最初规定的资格是21岁以上的新加坡公民，家庭月总收入不超过限定金额，且没有土地和房产。1964年推出的住宅产权制鼓励居民以政府补贴的价格购买住宅产权，以使低收入阶层能拥有个人资产；1968年出台的公积金制度进一步帮助低收入居民使用公积金付购房首付和月付；1971年起允许达到最低居住年限的居民出售他们的住宅。这些延续至今的制度促成了新加坡极高的公共住宅覆盖率，而且居民拥有产权和出售权。

这一时期住宅建设集中在女皇镇（图2-6—图2-8）和大巴窑新镇（图2-9，图2-10），尤以后者为代表。大巴窑新镇是由建屋发展局规划设计的第一个新镇，第一次尝试新镇模式，对其后规划的新镇产生深远影响。而且大巴窑新镇随着交通等方面的发展一直持续更新和发展，是研究新加坡新镇模式的最重要案例之一。也在这一时期，由政府统一建造的，在邻里单元（通常也被称为"社区"）中具有重要位置的邻里中心（通常也被称为"社区中心"，包含商店、饮食中心、活动中心和摊贩中心等多个部分）的模式得以确立，形成绝大多数新加坡人日常生活中的一个重要场所。

2.2.2　20世纪70年代

这10年，新加坡继续保持高增速的公共住宅增长，1976年公共住宅覆盖率达到50%，基本解决住宅量的需求。同时，从这10年开始，建屋发展局意识到居民对住宅（实际是对"生活"）需求的多样性，开始转向满足新需求，主要体现在房型设计和社区规划两个方面（图2-11，图2-12）。

公共住宅的平均面积从60年代的42平方米提高到1975年的75平方米，房型设计相应有很大改进，除了1房—4房的户型外，增加了5房户型[2]，意图是将公共住宅的覆盖对象从低收入阶层扩大到中等偏低收入阶层。1974年，建屋发展局设立了住宅和城市更新署（Housing and Urban Development Corporation，简称HUDC），为不断增

---

2. 所谓几房户型是新加坡的通常表述方法，将起居室和与之连通的餐厅算作1房。

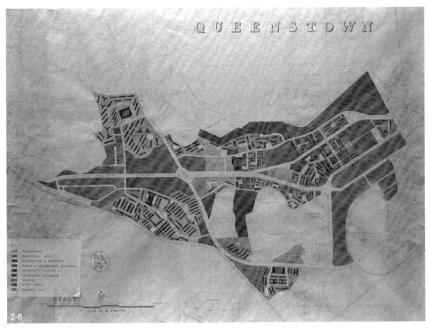

图 2-6　1961 年的女皇镇规划图。图片来源: Ministry of Information and the Arts Collection, Courtesy of National Archives of Singapore

图 2-7　建设中的女皇镇, 摄于 1966 年。图片来源: Ministry of Information and the Arts Collection, Courtesy of National Archives of Singapore

图 2-8　女皇镇城市景观, 摄于 1970 年。至 1970 年, 女皇镇大约有 19,000 套住宅, 居民超过 10 万人。图片来源: URA

图 2-9　建设中的大巴窑新镇，摄于 1967 年。图片来源：Ministry of Culture Collection, Courtesy of National Archives of Singapore

图 2-10　大巴窑新镇的高层公共住宅，摄于 1967 年。图片来源：Ministry of Information and the Arts Collection, Courtesy of National Archives of Singapore

图 2-11　新建成的加冷社区的高层公共住宅和邻里中心，摄于 1970 年。照片中的低层建筑是邻里中心，包含菜市场和摊贩中心等功能。图片来源：Housing and Development Board Collection, Courtesy of National Archives of Singapore

图 2-12　友诺士社区(Eunos)的邻里中心，摄于 1977 年。图片来源：Housing and Development Board Collection, Courtesy of National Archives of Singapore

长的中等收入群体提供标准相对较高的公共住宅, 这个群体的收入超过 "资格" 限定金额, 又无力购买商品住宅。

　　随着住宅标准提高, 开发土地离城市中心距离不断增加, 这一时期的公共住宅开发实际上也是新加坡郊区城市化的全面展开过程, 独具特色的新加坡新镇模式得以确立和实现, 新镇相对独立, 很大程度上可以自我运行, 以三个层次的社区结构[3]、综合功能和空间形态上的高层高密度为显著特征 (图 2-13, 图 2-14)。

---

3. 此处的 "三个层次" 指 "镇中心-邻里单元-住宅组团" 的结构性层级关系, 详见本章 "新镇模式" 相关内容。

2.2.3　20 世纪 80 年代

随着公共住宅开发和新镇建设的全面展开，这一时期的重点是将住宅社区建设与国家长期发展规划进行了整合，将全岛范围的新镇、环境资源、基础设施、产业、交通和公共文化设施等方面进行综合调控，与国家资源配置相结合形成一次综合性规划。这次规划将新镇与新加坡地铁交通网络的关系变得更加紧密（地铁站成为镇中心综合功能区和公共交通枢纽），人均居住标准由 20 平方米提高到 30—35 平方米，同时对城市绿化和水资源的规划标准和关注度大大提高，把住宅开发和城市化发展与国家环境资源管理相结合的宏观思路十分明确。

这 10 年间对 60 年代完成的低标准公共住宅进行了大规模的重建和改造，起居室、餐厅和卧室集中在一个房间（1 房户型）的公共住宅楼被拆除重建或彻底改造（改为 3 房或 4 房，住户数量减少）。利用这些住宅改造的契机，对早期新镇的格局和功能进行优化。同时，这一时期的建设强调了各个新镇、各个邻里单元在建筑形象和公共空间方面的特征，提出了一系列确保形式多样性的城市设计导则（图 2-15）。

此外，80 年代新加坡公共住宅发展的一个突出的重点是培育社区，关注居民的认同感和归属感，这种从物质性建设到"内容"培育的过程也是由政府推进的。除了增加公共图书馆、社区活动中心等福利性、高质量的社区功能外，一系列与公共住宅社区培育相关的新政策出台，如：1982 年推出大家庭计划（Multi-Tier Family Scheme），为多代大家庭优先提供更大户型的住宅，很有亚洲文化特色；1988 年将公共住宅日常管理、维护和社区内容建设的工作由建屋发展局转移到各个新镇和社区相关的职能部门，克服集中化统一管理导致的居民和管理部门之间的"距离"；1989 年提出种族团结政策，以国家法律形式确保多种族和谐共处。硬件软件两方面的举措大大促进了新建成社区在比较短的时间内形成社区感，从这一时期起，新加坡公共住宅的社会功能已经十分明显。

2.2.4　20 世纪 90 年代

这 10 年的建设量仍保持在 20 万套以上，公共住宅覆盖率最高曾达到 86%。对公共住宅的管理、新开发住宅的品质，尤其是社区环境品质成为这个时期主要关注的问题。从 1991 年起，原本完全由建屋发展局设计部门承担的公共住宅设计可以由私人建筑师承担，以实现多样化。对既有公共住宅的设施更新和环境改善的工作也在 1991 年全面

图 2-15　20 世纪 80 年代建设的新镇和公共住宅的典型案例

(a) 位于加冷河沿岸的波东巴西 (Potong Pasir) 公共住宅区，斜屋面是其最鲜明特色。摄于 20 世纪 80 年代后期。图片来源：Ministry of Information and the Arts Collection, Courtesy of National Archives of Singapore

(b) 武吉巴督新镇城市景观，摄于 2006 年。图片来源：mailer_diablo/Wikimedia Commons

开始，持续 10 余年，覆盖绝大多数住户，包括更新电梯、优化无障碍设施和改善公共环境等细致的工作。这些更新改善工作需要居民参与，根据工程量情况，居民支付 8%—21% 的改造费用，其余由政府负担，但必须有 75% 以上居民表决同意才可以实施（图 2-16，图 2-17）。

2.2.5　21 世纪第一个 10 年

受吸引国际人才和相关移民政策的影响，进入 21 世纪以来新加坡人口保持大幅增长趋势，公共住宅和商品住宅共同承载大量新增的人口，在现有城市结构下局部大量性建设仍在持续。新加坡总体规划严格控制城市建成区范围，不会因为人口大幅增长而增加开发建设用地

图 2-16　盛港新镇街道景观，街道两侧为公共住宅小区，摄于2011年。图片来源：作者拍摄

图 2-17　盛港新镇中心区域的街道景观，摄于2011年。图片来源：作者拍摄

的比例，反而要小幅压缩，以提高全岛的自然环境覆盖率，进一步加强热带花园城市的特色和吸引力。在此理念下，新加坡公共住宅在这一时期已经走向更高楼层、更高质量的新模式，同时大力推进公共住宅的节能和节水设计。2009 年建成的达士岭组屋（The Pinnacle@Duxton）清晰体现出新模式的几个特点（图 2-18）。这个开发项目位于成熟的城市区域，是对以往公共住宅用地的再开发，占地 2.5 公顷，由 7 栋相连的高层组成，全部为 50 层，共 1848 套住宅，有 35 种户型，总建筑面积逾 23 万平方米，容积率达 9.28，在 26 层和 50 层设两个

图 2-18 达士岭组屋。图片来源：Supanut Arunoprayote

连通的长达 500 米的观景平台和空中花园，建筑外观、地面和空中的公共空间，以及建筑内部的公共部分等极具设计感。这个项目引入了设计竞赛机制，建屋发展局以这个项目向公众表达了公共住宅在设计品质上可以和商品住宅相媲美的信息。在其他类似公共住宅项目中，空中花园、生态住宅、增加新的公共设施等尝试也已见成效。

同时，这一时期在公共住宅相关政策方面持续发展和细化，以适应社会发展出现的新情况，这些软件优化体现出明显的人性化特色和时代特点。例如：对靠近父母住处购置新房的已婚子女给予优先，鼓励两代人之间的相互照顾[4]；允许利用公共住宅作为居家办公场所和公司注册地址，可以有不超过两位雇员来上班[5]。这些政策和制度的不断优化体现了新加坡治理能力的优势。

2.2.6 商品住宅开发的角色

在宏观政策和国家层面的规划控制下，商品住宅开发也有重要位置。新加坡商品住宅开发一直是面向少数高收入阶层，建筑类型以独

---

4. 新加坡 2002 年颁布的已婚子女优先计划（Married Child Priority Scheme）中的一项鼓励政策。
5. 新加坡 2003 年颁布的居家办公计划（Home Office Scheme）中的一项规定。

栋的豪华公寓、独立或联排式低层住宅为主，都是封闭式管理，与公共住宅有完全不同的对象、侧重点和设计策略。20 世纪 70 年代初的高级公寓就已十分奢华，设计考究，但私营开发用地占国家住宅建设总用地的比例被严格控制。随着 20 世纪 90 年代后期以来新加坡在金融和科技研发等领域的快速发展，吸纳更多的国际人才成为国家的一个发展策略，因此人口快速增长的同时也出现了人口结构的变化。在此背景下，1996 年通过规划调整将私营开发用地的比重由 16% 调高到 25%，这促成了新加坡商品住宅开发和投资的兴盛，大大丰富了新加坡的城市形象和居住"景观"，对吸引高端国际人才很有利，也吸引了一批海外投资客（图 2-19）。应该明确的是，商品住宅开发项目的定位仍是少数的高收入阶层，其设计关注点和公共住宅设计的问题完全不同，与公共住宅的价格差距极其巨大，国家希望其发挥的作用也是十分明确的。尽管对于旅游者或短期考察者而言这些建筑更

图 2-19　建成于 2002 年的优景阁(Cote D'azur)位于东海岸区域，是临海高层商品住宅，配有花园、游泳池、网球场和会所。图片来源：Cote D'azur (https://www.cotedazur.com.sg/)
(a) 住宅区内部景观
(b) 从高层住宅俯瞰住宅区内的游泳池

吸引眼球，但绝不是发展中国家公共住宅或面向大众类住宅开发学习的对象。

2.3 2010 年以来的新发展

2010 年前后，新加坡公共住宅发展面临的压力日益显著，需要面对大幅增量和大幅提质的双重需求。经济发展所需的大量移民引起了公共住宅房价大幅升高，迫使政府重新调整人口政策，重新考虑公共住宅相关管理政策，并加快新镇规划和公共住宅开发建设速度，提升供给量。对于已经建成的新镇和公共住宅，如何在现有基础上，应对日益加剧的全球化、老龄化和环境变化等问题带来的不利因素，继续保持进步，通过"变"使国民能够体会到国家经济发展给自己带来的利益，满足居民的更高要求，以保持对政府的信心，这也是一个大问题。新加坡总理李显龙在 2010 年的一次关于公共住宅的访谈中有三个观点值得关注：①没有公共住宅体系就没有今天的新加坡，国家要继续为国民提供高质量和可承受价格的公共住宅，因为它不仅仅是住所，更是国家管理的重要平台，居民委员会等机构通过这个平台建设社区、培育价值观和实现多种族团结；②没有国家经济持续发展的支撑，一切都不可能；③有能力的政府是这种公共住宅模式的基础。因此，新加坡公共住宅未来仍然会在政府的绝对主导之下，以政策和理念为先导，保持不断升级发展[2]。

早在 20 世纪 90 年代，建屋发展局就开始对建造年代较早的新镇和公共住宅进行翻新改造，包括各类翻新实施计划，通过改造使其达到基本接近新近完成的新镇的水平。政府资助这些翻新计划，其中为老人进行的住宅改造和小户型改造获资助程度最高。2007 年启动的"再创我们的家园"（Remaking Our Heartland）项目[6]重点针对镇中心区域进行改造，不仅对 20 世纪 80 年代前建造的镇中心区域进行更新，也对 90 年代开始建造但尚未完全建成的新镇中心区域进行大幅度更新，这个覆盖面很广的项目预示着公共住宅和新镇模式需要大幅升级。2011 年启动的第二期项目包括后港、东海岸（主要是兀洛镇）和裕廊湖区域，改造围绕四个主题——镇中心再开发、强化户外娱乐

---

6. "再创我们的家园"项目内容参见 https://www20.hdb.gov.sg/fi10/fi10349p.nsf/hdbroh/index.html。

图 2-20 榜鹅新镇内的公共住宅和环境景观，摄于 2019 年。图片来源：作者拍摄

场所、增强连通和保留镇中心区的传统特色。2015 年启动的第三期项目包括大巴窑、兀兰和白沙三个新镇，改造项目更趋精细化，尊重居民各类诉求。

2010 年起，新的新镇开发计划加紧出台，新加坡公共住宅发展进入新时代。随着公共住宅需求的快速增长，建屋发展局在 2010—2015 年的"五年计划"中大幅加大住宅开发总量（5 年新开发公共住宅超过 10 万套），主要集中在新开发建设的新镇中。这种大规模增量开发促使新加坡公共住宅发展进入新时代，虽然新镇开发建设密度大幅提升，但仍保持高度的宜居性和舒适度，并从各个方面满足当代市民对新生活方式的需求和对各种标准提升的要求。建屋发展局 2011 年提出的"建设更好居住环境的发展愿景"（Roadmap to Better Living in HDB Towns）[7]，明确提出新加坡 10—15 年内公共住宅建设的三大指导原则：①精心设计——主要指突出新镇和街区的特色，推动公共交通与步行及骑行网络的无缝衔接，以及建设公共空间丰富的邻里中心区域；②可持续——主要指社区具有丰富绿化，通过各项举措减少碳排放、提高能源利用率，以及实现水资源和可回收资源的更有效管理等；③以邻里为中心的新镇——强调为新加坡多种族、多文化，且居住在高层高密度的住宅区内的人口创造一个和谐的共享环境。

近期新加坡公共住宅和新镇模式发展主要体现在三个新规划开发的新镇：榜鹅新镇[8]（图 2-20）、比达达利新镇（Bidadari）和北淡

图2-21 北淡滨尼首个竣工的公共住宅小区项目(项目英文名称为Tampines GreenRidges),由LAUD建筑师事务所(LAUD Architects)和G8A建筑师事务所(G8A Architecture & Urban Planning)联合设计,在高度不一的住宅之间穿插富有层次感的各类绿色空间。图片来源:Melvin H J Tan, LAUD Architects

滨尼[9](Tampines North,淡滨尼新镇最后一个组成部分)(图2-21)。这三个新镇都高度重视新镇的环境优势和环保理念,将社区与水和绿化两大资源融合,并强调新镇特色和不同住宅的特色,重视邻里中心等促进居民交往的公共空间,并尝试采用新技术,如比达达利新镇采用了气动垃圾收集系统[10]。

2.4 规划和建筑设计理念

在新加坡公共住宅体系中,规划和建筑设计占不可或缺位置,设计的核心作用是将政治、经济、社会等方面的综合目标以专业手段合理"物化",而不是表达规划师或建筑师的"品位"或"创造性",这与新加坡的商品住宅开发项目有天壤之别。脱离新加坡公共住宅体系的全景,脱离新镇模式的背景,单纯以建筑设计标准去评价其公共住宅建筑设计是没有意义的。在半个多世纪的发展过程中,新加坡公共住宅在规划和设计方面关注的主要问题有以下几点。

---

7. "建设更好居住环境的发展愿景"参见 https://www20.hdb.gov.sg/fi10/fi10333p.nsf/w/futurehomesbetterlives?OpenDocument。
8. 榜鹅新镇作为新加坡首个可持续发展的滨水生态市镇和建屋发展局的"生活实验室"项目,从2010年起不断测试和应用可持续发展技术领域的新理念和新方法,打造更绿色的生活环境。具体内容参见 https://www20.hdb.gov.sg/fi10/fi10349p.nsf/hdb/rohweb/punggol.html。
9. 具体内容参见 https://www20.hdb.gov.sg/fi10/fi10333p.nsf/w/futurehomesbetterlivesTampines 2015?OpenDocument。
10. 气动垃圾收集系统利用真空吸收技术方式将家庭垃圾通过地下管道输送到住宅区的集中密闭收集站,定期由运输车运走。

图 2-22 宏茂桥新镇的 Park Central@AMK, 2011 年竣工, 由 4 幢 30 层的高层住宅楼组成, 长度超过 100 米的大型景观屋面覆盖多层停车场, 摄于 2012 年。图片来源: Koh Sun Yew

2.4.1 高层高密度

从 1960 年建屋发展局成立至今, 新加坡公共住宅建设一直采用高层高密度模式, 多层高密度只出现在 20 世纪 90 年代以前建成的镇中心和邻里中心区域。尽管这种策略在当初城市建成区相对于国土面积尚很小的时期备受争议, 但目前已经成为共识, 是新加坡城市规划的一个基本原则, 理由有以下三方面。①建国之初城市扩张在道路、公共交通等方面的配套能力有限, 而扩张区域的城市功能(主要是工作机会)仍需依赖原有城区, 加之住宅需求量极大, 结果必然是高层高密度。②60 年代后期开始的全岛长期发展规划考虑到人口大幅增长的需要, 对于当时国土面积 600 多平方公里的城市国家而言, 通过高层高密度方式最大限度地保存发展空间至关重要。也正因如此, 新加坡能在城市化完成后, 启动大规模吸引技术和投资移民举措, 20 世纪 90 年代末至 2010 年的 10 余年间, 新加坡人口由 350 万人升至 500 万人, 增幅极大。③住宅区域的高层高密度使得整个新镇范围有很高的绿化覆盖率, 有多个公园, 整个国家全域有多处大范围的自然保护区域。新加坡全国的绿化覆盖率为三分之一, 岛内多处原生态热带雨林公园和现代化大都市居民的日常休闲活动密切相关, 如果住宅密度和高度降低一半, 全岛的绿化环境将不复存在。

当前新加坡新规划建设的新镇普遍采用 40 层以上的高层住宅, 对

图 2-23 靠近大巴窑镇中心的 The Peak@ TPY,2012 年竣工, 由 5 幢 40 层—46 层的住宅楼组成,配有多层停车库及屋顶花园,摄于 2012 年。图片来源: Koh Sun Yew

既有新镇住宅区的改造主要是将原有的高层住宅区（20 余层为主）重新开发为 40—50 层的住宅区（图 2-22，图 2-23）。相比于上海中心城区（面积与新加坡相当）的 1000 万人口规模，新加坡似乎没有必要建设这么高的公共住宅，但这一举措是为了保持国家整体环境质量，严格保证现有绿化范围不减少，从整体层面保障城市质量。

2.4.2　新镇模式——社区概念和布局结构

20 世纪 70 年代建设的一系列新镇离城市中心较远，在没有地铁、私家车拥有率不高的情况下，各个新镇在功能上必须相对独立，提供工作机会和各种公共设施，成为大多数居民日常居住、工作和社会交往的综合载体——也就是社区概念，这促成新加坡的新镇模式形成，并不断细化发展至今。新加坡除了城市中心范围的更新外，基本是采用新镇模式推进其城市化，辅以近年来出现的城市副中心（区域中心），因此整体城市结构具有鲜明的"城（城市中心）—镇"层级关系和多中心特点，完全有别于摊大饼模式。

大巴窑是建屋发展局规划建设的第一个新镇，包含镇中心、多个邻里单元（社区）和位于镇边缘位置的产业用地。建设始于 1965 年，至 1977 年完成，当时共有 36,600 套公共住宅。通过大巴窑新镇建设总结出新加坡新镇布局基本模式[11]，成为日后不断演化发展的基本蓝本（图 2-24）。

---

11. 大巴窑新镇土地利用规划示意图和具体数据参见 WONG A K, YEH S H K. Housing a nation: 25 years of public housing in Singapore. Singapore: Maruzen Asia, 1985: 94。

图 2-24 大巴窑新镇镇中心区域，摄于 2012 年。新建的 5 栋 40 层公共住宅塔楼底部为保留的第一代板式高层公共住宅，镇中心区域强化了办公等综合功能，图中高层办公楼为 HDB 总部大楼。图片来源：Koh Sun Yew

新镇人口规模通常为 15 万—25 万人（2010 年以后发展的新镇整体规模更大，与区域发展融合的特征更加明显），中心位置设镇中心（Town Centre），建设大型商场、综合性的体育和文化设施，以及政府机构和商业办公楼等综合功能设施，通常紧邻大型公园，地铁线路出现后镇中心往往与地铁站综合开发整合。镇的边缘区设置无污染的轻工业用地，减少运输对住宅社区的影响。其余范围被分成几个邻里单元，每个邻里单元容纳 4000—6000 户家庭（2 万—3 万人口），每个邻里单元中心处设置邻里中心，设置市场、餐饮中心、活动中心、医疗点、宗教建筑和小学、中学等公共功能设施，邻里中心的服务半径为 400 米。各邻里单元又分为若干住宅组团，400—800 户家庭可以共享儿童游乐场、篮球场、健身点等日常活动设施。镇中心—邻里单元—住宅组团三个层次的结构关系十分明确（图 2-25—图 2-27）。

除工业外，这种新镇模式其实可以简单地看作由两种"内容成分"组成：①住宅；②分布在三个结构层次上的公共空间和公共配套网络。从实际情况看，住宅房型经过长期不断改进后基本稳定为几种普适类型，而公共空间对居民日常生活的影响作用越来越重要，设计改进潜力也很大，因此更受重视。

2.4.3　满足生活需要的设计：公共功能和公共空间

如上所述，分布在镇中心、邻里单元和住宅组团三个层次的公共空间和公共配套的功能层次也很明确，服务半径越小的使用频率越高，

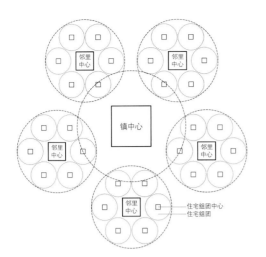

2-25

图 2-25　新加坡新镇三个层次的结构关系示意图。图片来源：根据 HDB 相关资料绘制

图 2-26　新加坡新镇结构模式示意图（镇中心尚未与地铁站结合）。图片来源：根据 HDB 相关资料绘制

图 2-27　新加坡新镇结构模式示意图（镇中心与地铁站结合）。图片来源：根据 HDB 相关资料绘制

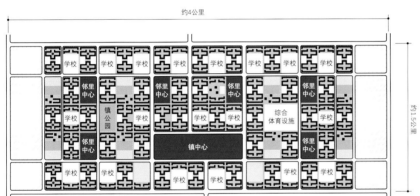

2-26

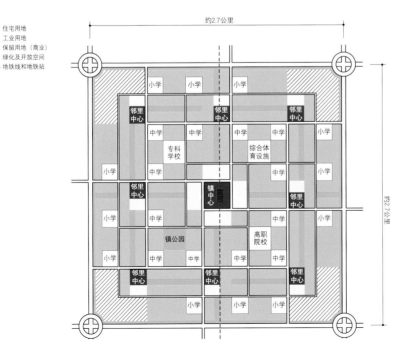

2-27

49

人与人之间的熟悉程度越高，尤其是对老人和孩子而言。邻里中心是大多数人经常光顾的地方，因其有丰富、便宜和便利的饮食环境，以及传统市场和现代超市，是社区中人情味和传统特色最浓厚的地方。这些公共功能和公共空间的规划、设计、建设和管理都是国家控制的，因为没有开发利益问题，社区中心和图书馆等公共设施都是免费的，与日常生活相关的商品价格十分便宜，星巴克之类的品牌不会出现在邻里中心，因为咖啡小店经营的南洋咖啡更受欢迎，而且价格仅是国际品牌的约1/4。而且，邻里中心众多家庭经营的小店提供了大量就近工作机会，也促进社区氛围的形成和社区中不同人群的混合（图2-28—图2-31）。

由于这种公共网络的发达和便利，加之热带气候条件，新加坡人在自己居住的社区范围内的各种户外公共生活时间比重很大，是其生活方式的重要特点，也影响到公共住宅的设计。例如，新加坡公共住宅的厨房面积偏小，因为相当比例的新加坡家庭很少在家下厨（甚至有从不下厨的家庭）；公共住宅一般不设起居室特征的阳台，因为小区附近的各类开放空间更适宜散步和闲坐。

2.4.4　公共住宅建筑：经济、适用、标准化、多样性和精细化

20世纪60年代至70年代中期，公共住宅设计主要应对的挑战是量和速度，造价被严格控制，因此早期的公共住宅十分朴素，颇具现代主义风格特征。至20世纪80年代中期，各类面积标准的房型定型

图2-28　大巴窑新镇镇中心的步行街(第一代建成区中被完整保留下来的部分)，摄于1999年。图片来源：Ministry of Information and the Arts Collection, Courtesy of National Archives of Singapore

图 2-29　典型的邻里中心内的餐饮中心。图片来源：Kagenlim/Wikimedia Commons

图 2-30　盛港镇中心的综合体建筑内的公共图书馆内景，摄于 2011 年。图片来源：作者拍摄

图 2-31　榜鹅新镇社区中心综合体 Oasis Terrace 内的功能性公共空间，摄于 2019 年。图片来源：作者拍摄

二房房型 41平方米   三房房型 54平方米   四房房型 93平方米   五房房型 120平方米

L 起居室
B 卧室
K 厨房
S 餐厅
S 贮藏室
b 浴室
t 厕所
V 阳台
rV 后勤阳台

2-32

图 2-32　新加坡公共住宅的典型房型。图片来源：根据HDB1985年公布的资料绘制

（图 2-32），形成标准化模式，建造过程也普遍采用装配化以保障质量和施工速度。此后的公共住宅设计的演化主要体现为三方面：① 20世纪 90 年代开始注重形式的多样性，尤其关注一个邻里单元中不同住宅组团之间的形式差异，通过建筑外观、建筑围合的公共活动空间的形式和特色而增加"识别性"；② 21 世纪以来的高层建筑更高，形成住宅及人口密度更高的状态；③对住宅单元以外的公共部位的不断改进，建屋发展局发布的公共住宅建筑设计导则很大比重是针对公共部位，使其更加精细化、人性化，促进社区内的人际交往。

2.4.5　智能化——最新发展趋势

新加坡于 2014 年提出建设智慧国家的目标[12]，建屋发展局响应这一目标确定了将智能要素融入公共住宅和新镇的两个方面——一方面建设和提升基础设施，另一方面强化应用和服务。新镇智能化发展是今后一项重要工作内容，发展潜力巨大。在实现智能化的同时，建屋发展局也进一步强调了以人为本的公共住宅基本理念，确保可靠和经济可行的新技术是为了改善居民生活质量服务的，而不追求短时期内的覆盖率。对于新技术，建屋发展局会在既有新镇和待开发新镇选择两个区域进行试点，经过可行性和适用性评估后才会在其他新镇推广使用。

综合而言，新加坡公共住宅的最大参考价值在于两点：①不同层面、不同方面的高度整合，因而能称其为将政治、经济和社会发展实现整

---

12. 2014 年新加坡政府公布了"智慧国家 2025"（Smart Nation 2025）的 10 年计划，是其 2006 年公布的"智慧城市 2015"（Smart City 2015）计划的升级版，计划包括建设覆盖全岛的数据收集、连接和分析基础设施和操作系统等，以提供更好的公共服务。

合的国家举措，并非着重于经济和土地开发问题，但脱离新加坡的国家管理模式，这一点很难复制；②新镇模式对于正处在城市化进程中的发展中国家而言极有参考价值——节约土地，减少因城市低密度蔓延而造成的公共服务设施和基础设施压力，保护整体环境，通过增加就近工作岗位和步行化的日常行为机会而降低城市交通需求量，培育社区感等理念都是城市可持续发展所必需的，这是研究新加坡公共住宅经验的意义所在。

主要参考文献

[1] Discovery Channel. The history of Singapore: lion city, Asian tiger. Singapore: John Wiley & Sons (Asia), 2010: 190.

[2] 沙永杰. 新加坡公共住宅的发展历程和设计理念. 时代建筑，2011(04): 42-49.

[3] FERNANDEZ W. Our homes: 50 years of housing a nation. Singapore: Straits Times Press, 2011.

[4] WONG A K, YEH S H K. Housing a nation: 25 years of public housing in Singapore. Singapore: Maruzen Asia, 1985.

[5] YEH S H K. Public housing in Singapore: a multidisciplinary study. Singapore: Singapore University Press, 1975.

[6] TAN S Y. Private ownership of public housing in Singapore. Singapore: Times Academic Press, 1998.

[7] Housing & Developing Board. TOA PAYOH: our kind of neighbourhood. Singapore: Times Media Private Limited, 2000.

[8] LIU T K, ASTRID S T. The social dimension of urban planning in Singapore// CHAN D. 50 years of social issues in Singapore. Singapore: World Scientific Publishing, 2015: 97.

第 3 章　产业空间规划与发展

沙永杰　纪雁

产业发展为新加坡其他方面发展提供经济支撑，没有产业和经济发展，就不可能有其他方面的成就。新加坡在从第三世界到第一世界国家的快速崛起过程中，以国家力量推进的产业发展起到决定性作用。20世纪90年代至今，新加坡根据全球形势变化，不断优化经济和产业结构，不断推出促进产业升级发展的政策和开发举措，确保新加坡经济竞争力不断加强。新加坡在当今高端制造、创新研发和智慧产业全球网络中占有重要的一席之地，并通过在新加坡以外建立合作产业园区的途径拓展产业发展空间。新加坡产业发展包括产业结构调整优化、产业基础设施资产建设和人才资产建设等多个方面，并与新加坡的金融、贸易、科技、城市建设、民生和人口等方面紧密衔接。新加坡产业空间规划和发展充分体现了国家发展意志，并在高效和创新性利用土地方面形成显著的新加坡特点。

3.1 产业和经济发展历程——60年3个发展阶段

1961年是新加坡产业发展的起点。这一年，新加坡设立了经济发展局（Economic Development Board，简称EDB），任务是制定国家经济发展战略，并代表国家投资和建设产业基础设施。同年，在经济发展局的主导下，新加坡开始建设第一个工业园区——裕廊工业区（Jurong Industrial Estate）。1961—2020年的60年间，新加坡在产业政策、产业转型升级、产业园区规划和开发等方面，大致每10年上一个新台阶，发展速度很快[1]。在每个10年里，政府都结合全球经济发展趋势出台新政策，并以国家力量建设或升级产业园区。概括而言，这60年的产业和经济发展历程可以分为3个阶段。

3.1.1 20世纪60年代和70年代：国家工业化

20世纪60年代初，新加坡面临的首要问题是生存。当时新加坡经济严重依赖自由港转口贸易和英国军队日常开支两个方面。在转口贸易方面，由于印度尼西亚和马来西亚不断挑战新加坡作为欧洲与东南亚各国开展贸易的转口中心地位，周边环境对新加坡扩展转口贸易非常不利，且转口贸易带动就业能力有限，新加坡如果停留在从周边国家转口低价值的农作物和矿物的发展层面，经济发展没有希望。英国当时在新加坡的军费开支占到新加坡国民生产总值的20%以上，吸

纳 4 万多名工人直接为英军打工，英军撤走将导致当时已经超过 10%
的失业率进一步提高，容易产生社会动乱。为了国家安定，新加坡政
府着手解决两大关键问题——住房和就业，而解决这两大问题的关键
是发展经济。在转口贸易一时难以有突破，也不可能大规模发展农业
的情况下，新加坡政府明确了"要生存，唯一办法就是推行工业化"
的经济发展策略[1]。1960 年，由荷兰经济学家阿尔伯特·温斯敏博士
（Dr. Albert Winsemius）带领的联合国专家组提出的《新加坡工业
化计划（提案报告）》（A Proposed Industrialization Programme
for the State of Singapore)[2] 对新加坡推行国家工业化产生重要影响。

　　20 世纪 60 年代，中国和印度等人口大国尚未开放，而欧美发达
国家正在寻求向海外转移低端制造业，新加坡政府抓住这个时机，大
力发展劳力密集型和出口导向型产业。1961 年开始建设的裕廊工业区
在 1963 年开始运营（图 3-1）。1966 年颁布的《土地征收法》为政
府大量征地建设新镇和产业园区扫清了障碍，为通过国家力量建设大
规模产业基础设施创造了条件。1967 年颁布的《经济扩张刺激法案》
[Economic Expansion Incentives (Relief from Income Tax) Bill]
给外国公司税费减免优惠，吸引大量劳力密集型跨国企业进入新加坡设
厂。为了尽快增加就业岗位，这一时期对引进产业类型并不苛求，主要
是附加值不高的劳力密集型制造业，如纺织、玩具、家具、木材加工和
造船等。政府推进产业园区基础设施和标准厂房建设，使进入新加坡的
企业将有限的资金投在生产设备上，能尽快投入生产。1968 年成立裕
廊集团（成立之初的名称为裕廊镇管理局），并从经济发展局独立出来，
专门负责产业园区的规划建设和运营管理，这标志着新加坡产业园区模
式基本形成——产业园区作为国家经济发展的基础设施资产，由国家
力量来规划、建设、招租、管理和升级发展。除了利用郊区土地规划建
设产业园区外，将轻工业布局在高密度住宅区旁或中心区外围的做法也
在 20 世纪 60 年代得以确定，突出体现在大巴窑新镇规划上（预留约
20% 的土地用于发展轻工业），这之后的新镇规划都在边缘位置布置

---

1. 曾长期担任新加坡经济发展局执行主席的杨烈国在 2015 年的一次访谈中曾有这样的归纳：20 世纪 60
年代是劳力密集型阶段；20 世纪 70 年代是技术密集型阶段；20 世纪 80 年代是资本密集型阶段；20 世纪
90 年代是科技密集型阶段；21 世纪初至 2015 年（专访之时）是知识与创新密集型阶段。这一访谈内容
参见韩昕余. 小红点·大格局：新加坡建国之路. 新加坡：新加坡宜居城市中心，2016：81-86。2015—
2020 年，新加坡产业发展和创新幅度也很大，面向未来的产业发展规划和全新类型的产业空间进一步呈现。
2. 这份报告也被称为《温斯敏报告》，认为新加坡应实施以出口为导向的工业化，对进口商品征税以保护
不成熟的本土企业。报告最重要的建议有两项：①成立新加坡经济发展局来推动工业化；②在裕廊开发建
设工业区，为工业化提供必要的基础设施，快速吸引大批国外投资在新加坡设立工厂。这两项建议对新加
坡的经济发展起到关键性作用。

图 3-1 20 世 纪 60 年 代 裕廊工业区建设初期。图片来源：David Ng Collection, Courtesy of National Archives of Singapore

轻工业用地，实现部分人口就近就业，并减少对城市交通的压力。这也是新加坡产业空间规划的一个重要特征。总言之，20世纪60年代在法律、模式和规划等方面奠定了新加坡产业园区发展的基本特征（图3-2）。

20世纪70年代是新加坡经济高速发展的10年，制造业对GDP贡献突出。新加坡制造业从1960年占GDP总量的13.2%，1970年增长到19.7%，1980年增长到22.7%[3]。制造业的发展归于两个主要因素：①新加坡抓住了石油危机引发的全球产业转移机遇；②新加坡政府推动发展高附加值产业。20世纪60年代劳力密集型产业的发展有效解决了新加坡失业问题，至1972年失业率已降到3%以下，政府开始推动产业向技术密集型升级。新加坡政府通过设立国家培训中心，与日本和德国等国联合成立科技机构等途径提升新加坡制造业能力，吸引生产电子部件的跨国公司到新加坡建立生产基地。1965—1978年，新加坡GDP平均增长率达10%，很大程度受益于精密加工和电子部件等技术密集型制造业的发展，同时，石油精炼等石化相关产业也在新加坡得以发展，成为这一时期新加坡经济增长的一个关键产业。《1971年概念规划》和1972年的《水资源总体规划》（1972 Water Master Plan）对新加坡工业用地分布产生了重要影响，尽管20世纪70年代工业用地不断扩张，但与城市整体格局及水资源保护并未产生冲突。

图 3-2　1970 年的裕廊工业区。
图 片 来 源: Collection ABN
AMRO Art & Heritage,
Amsterdam

3.1.2　20 世纪 80 年代和 90 年代：转向资本和科技密集型产业

以制造业带动的新加坡经济在 20 世纪 80 年代初仍表现良好，新加坡外贸从转口贸易为主转为以本国产品出口为主，到 1980 年，60% 的新加坡制造业产品出口国外，并成为世界主要的电子产品出口国[2]。但随着 20 世纪 80 年代中国等劳动力资源大国开放，而新加坡人工成本开始大幅增加，主要依赖制造业的经济发展模式难以为继的趋势已十分明显。新加坡 1985 年经历第一次经济衰退，这次衰退迫使新加坡经济结构快速转型，政策推动实施经济重组战略——转向资本和科技密集型产业，重点发展石化、金融、信息、电子和软件开发等新兴领域。1986 年，新加坡政府提出全面经济转型的新理念——新加坡要成为服务跨国公司总部的综合性商业商务中心城市，为国际企业提供从设计、研发到营销和出口等全方位全流程的服务。随着金融业开放等一系列刺激政策出台，新加坡经济结构从以制造业为主快速转变为以全球性的企业和商务服务为主。由此，除了制造业向高端领域升级外，新加坡在中心城区发力，建设大量商业商务办公项目，将既有中心城区改造为适应新功能的 CBD，并考虑 CBD 未来扩展问题——进入 21 世纪后逐步开发的加冷河口滨水区和滨海湾新区都是在 20 世纪 80 年代开

---

3. 参见新加坡经济发展局 1980/1981 年年报（EDB Annual Report 1980/1981）。

始规划的。尽管经济衰退影响了经济增长速度，但这一时期的经济结构转型及配套的政策和规划，尤其是资本导向的转型[4]，使新加坡经济发展跃升到一个新层面，产生深远影响。

20 世纪 90 年代，走出经济衰退的新加坡在产业升级方面取得重大进展，建成一批承载新型高端制造业和科技研发功能的新模式产业园区。制造业和加工服务业仍是新加坡经济发展的重要组成部分，但不断向高端领域发展。中国和印度等国家的崛起促使新加坡政府加大促进制造业转型的政策力度。1990 年新加坡提出产业集群计划，设立基金促进相关产业集聚形成完整产业链，并共享基础设施，这使本土企业在电子、石油化工、精密加工等高附加值领域实现高速增长。1991 年出台促进产业升级的战略计划，用国家力量支持生物医学和晶圆制造等前沿性研发和制造领域。为了加强产业升级发展，《1991 年概念规划》在岛域南北各规划一条由大学和研究机构、科学园、商务园、既有产业园区和高级住宅等内容构成的科技走廊（图 3-3），强调承载高端技术研发功能和功能复合特点，为聚集科技研发主导的高端产业和吸引高端人才创造了条件。

20 世纪 80 年代和 90 年代配合产业转型升级而出现的新模式产业园区以科学园、商务园和专业产业园区为代表，与以往的工业园区相比，这些新模式园区具有研发功能突出、功能更加复合、环境质量和服务休闲功能增强、产业按专业类型集聚等特点。科学园（Science Park）是最早出现的新园区模式，承载研发机构，科学园规划建设

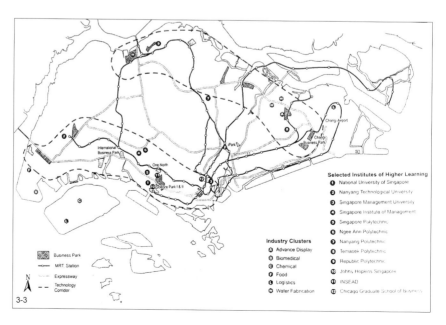

图 3-3 《1991 年概念规划》提出的南北两条科技走廊示意图。
图片来源：URA

注重环境品质和公共服务设施。新加坡第一个科学园是 1980 年靠近新加坡国立大学（National University of Singapore，简称 NUS）设立的新加坡科学园（Singapore Science Park），占地 30 公顷，主要承载生物科技和微电子等领域的研发机构。裕廊集团 1992 年在裕廊东对旧工业区进行更新，开发了第一个商务园——国际商务园（International Business Park），1997 年又在樟宜机场附近建设了樟宜商务园（Changi Business Park）。这两个商务园总面积约 100 公顷，创造 3.5 万个工作岗位，在公共空间和景观设计方面具有很高水准，并配置了休闲娱乐功能。为促进新兴产业加速发展，裕廊集团根据各类产业集群的生产特点和规模需求量身定制专业产业园区，集中整合同一行业上下游相关企业，共享基础设施并协同合作以获得效率和效益最大化，以 1995 年建设的兀兰晶圆制造园（Woodlands Wafer Fab Park）[5] 和 1997 年建设的大士生物医学园（Tuas Biomedical Park）[6] 为代表。这两个专业产业园区也为未来更复杂的产业集群模式提供了基础样本。

20 世纪 80 年代和 90 年代在产业用地扩张和既有产业用地更新方面也有很大进展。为了增加产业用地，新加坡大规模填海造地，实施了两项重大举措：①岛屿西端延伸，填海造成面积约 6 平方公里的产业用地，扩展了裕廊工业区范围（其后的总体规划又进一步扩大了规划填海范围）；②将裕廊南部近海的 7 个小岛连为一体形成裕廊岛（Jurong Island）。1997 年裕廊集团制定的《21 世纪工业用地规划》（Industrial Land Plan for the 21st Century）明确提出通过产业用地集约化提升土地产出效率的目标，将土地利用率低、配套设施落后、效益不佳的老旧厂区列入复兴重建规划，通过一系列补偿和激励措施重新安置原有企业，改变用地模式和用地强度，实现既有园区比较彻底的更新升级。为了提升土地利用效率，通过建设高层厂房实现高容积率。1994 年开始建设三层标准厂房，并不断通过设计手段探索进一步叠加厂房的各种可行途径，容积率从 70 年代的 0.5 提升到 2.1—2.5，并呈进一步提升趋势。老旧园区的更新为植入新产业或建立新的

---

4. 有关新加坡在资本和金融类产业发展方面的情况本书不做阐述，金融产业在新加坡由金融管理局负责，相关情况详见 https://www.mas.gov.sg。
5. 兀兰晶圆制造园占地 50 公顷，1995 年选址时该场地已被出租，JTC 迁出 560 个租户，腾出土地来发展园区，是新加坡第一家晶圆制造园。此后陆续在淡滨尼、巴西立和北海岸建造 3 个晶圆制造园，4 个园区总面积达 220 公顷。
6. 大士生物医学园面积 280 公顷，是世界一流的制药、生物制剂和营养保健品的制造中心。园区位于新加坡西部的大士，利用填海造地建设发展起来。

专业产业园区创造了机会，兀兰晶圆制造园就是对老旧园区腾挪更新设立的。

3.1.3 进入 21 世纪：以知识创新和智慧型为特征的再次升级

进入 21 世纪，全球经济形势十分严峻，1997 年亚洲金融危机影响尚未消退，2000 年的互联网泡沫以及 2001 年的"9·11"事件对经济的负面影响等因素迫使新加坡寻找新的经济增长点。新加坡抓住知识和创新，以及智慧型产业发展趋势，国家大量投入科技研发资金，在全球范围吸引人才，通过科技创新取得更强的产业发展竞争力，并瞄准生命科学和信息技术等高端领域发展新的经济支柱产业。新加坡在政策、国家资金支持、国际人才吸引力、国民教育程度和科技研发基础等方面具备发展这些高端领域的条件，但如何在土地资源十分有限的条件下提供充足的、有国际竞争力的、领先模式的产业园区，是城市规划发展面临的一个重大挑战。同时，占 GDP 和就业岗位比重很大的传统产业也需要进一步升级，传统产业园区也需要随之更新。可以说，新加坡进入 21 世纪后的经济发展是在进行第三轮"产业革命"，其中包括新增高端支柱产业和再次升级既有产业两方面。新加坡产业发展大约每 20 年经历一轮重大转型升级的规律已经十分明显。在产业园区规划发展方面，前两个发展阶段很大程度是参考了发达国家经验，而在 21 世纪的这一轮升级过程中，无论是创造新模式园区还是更新既有园区，全球范围内可供新加坡参考的相当水准的案例已经很少，尤其是土地资源制约问题在欧美发达国家几乎不存在。因此，创新规划模式和土地利用方式是影响新加坡 21 世纪产业发展的一个关键，也是决定未来新加坡经济发展硬件水准的一个关键。

从进入 21 世纪以来的 20 年发展情况看，新加坡产业园区土地利用规划和设计有三方面重大创新值得关注。这些规划设计创新是与政策、经济发展目标、开发建设模式、运营管理能力和引进新产业及人才能力等方面紧密结合的，或者说规划和设计的创新是为了实现政策和经济发展目标服务的。

（1）承载知识创新型新产业和知识创新工作者（具有年轻化、国际化和生活方式新潮化等特征）的区域不能按照传统的"园区"思路规划建设，而应该将其打造成一片综合功能的城区，能满足主导人群的生活和工作方式需求。这类新兴城区的特色是由功能和特定人群决定的。除了知识创新，创造高附加值的产业内容外，这类城区的功能包容性不亚于甚至超出普通城区，而且需要更高标准的综合规划和城市设计——兼容办公、研发、商业、商务、教育、居住和清洁工业等功能，为知识创新工作者提供更具吸引力的公共空间、生活环境和休闲娱乐等城市功能，创造一个知识创新工作人群聚集的，工作—生活—学习—游憩一体化的，比较高端的城市社区。纬壹科学城（One North）就是按照这一理念规划建设的成功案例，而且仍在发展和优化进程之中。此外，新加坡洁净科技园（CleanTech Park）和实里达航空产业园（Seletar Aerospace Park）[7] 也属类似案例，由于主导产业和定位不同而各有特点，甚至新加坡国立大学新建设的大学城（University Town）本质上也属于这类建设理念，但其主要内容是教育。实现这种重大转变的前提是土地利用规划方面的重要改进和创新——《2008年总体规划》对产业用地性质划定（各种功能性用地划定）进行了修改，改变了从以制造业为主的发展阶段遗留下来的一些规划惯性思维，产业园区用地分为轻工业用地（Business 1，简称B1）、重工业用地（Business 2，简称B2）和商务园用地（Business Park）以及与上述三类用地对应的三类"白地"。这种改变为混合多种功能创造了前提条件。

（2）创新的土地利用规划和设计——不是追求外观形式时髦，而是在土地开发利用模式上的根本性改变，体现新加坡土地集约利用的战略要求。传统产业园区通过更新，厂房由单层向多层，进而向高层发展，厂房之间相互连通，企业之间共享仓库和立体车道等基础设施，也使位于高层的企业也拥有与地面层相当的汽车装卸和起重等条件。通过设计、共享和更加高效能的管理方式，产业园区向更高容积率、更高产出、更高效率、更低成本、更便于企业综合运作的趋势发展，以往多层、高层标准厂房已经向产业综合体建筑方向转变，甚至在汽车修理企业集中的多层、高层厂房中允许在满足一定条件的前提下设各个企业独立的少量员工宿舍。针对特定行业，裕廊集团设立产业集群中心或综合体——往往是一组相连建筑或一栋综合体建筑，承载多租户和多种互补功能，并在竖向和横向设置便利的人车联系，进一步提升"集群"效应。进入21世纪以来，尤其是2010年以来，这类既有产业园区更新或建筑升级的大量案例值得关注，尤其对于上海等中国特大城市既有产业园区的改

---

7. 实里达航空园面积达320公顷，其中160公顷是机场和跑道，另外160公顷用于航空维修生产及航空相关的培训与研发活动，加快推动新加坡航空产业转型，提高新加坡在航空制造业的国际地位。航空园内的湿地公园和曾隶属于前英国皇家空军的32幢历史建筑正成为潮流餐饮和休闲的热点，打造亲近自然的生活、工作与康乐环境。目前入驻航空园的企业超过60家，吸引6000多名航空产业专业人员在此工作。

造升级具有重要参考价值。除了填海造地，更能体现新加坡这一时期（或者说面向未来的）产业用地开发创新特点的有两个方面：①开拓地下空间，已局部建成的案例是在裕廊岛地下130米处建设的裕廊地下储油库（Jurong Rock Caverns），为裕廊岛的化工产业链服务，规划建设容量巨大，还有规划筹备中的肯特岗公园地下科学城（Underground Science Park）项目，建成后将是全球领先的地下超大型研发中心；②利用城市主干道或大型市政基础设施上空进行开发，通过在这些基础设施上空建设跨越式平台承载人流车流，并开发商务、产业或公共服务设施，将对城市能级和土地利用效率提升带来极大意义。

（3）面向未来的智慧型综合功能的产业园区，准确地说应该称为新模式未来城区，已在规划建设之中或已经局部呈现，以裕廊创新区（Jurong Innovation District）、榜鹅数字区（Punggol Digital District）和兀兰北海岸（Woodlands North Coast）为代表。这些截至目前最新模式的产业园区将智慧城市相关内容、新加坡既有城市规划建设优势和面临的城市问题等方方面面进行整合，在未来人口和未来城市生活方式层面进行规划设计和开发建设。智慧城市、人工智能、大数据、物联网、人口老龄化、人口国际化和全球环境问题等因素在未来产业园区规划建设中被综合考虑。这些面向未来的产业园区都将是综合功能的城市社区，工作生活方式、工作空间、产业发展模式、数字技术应用等方面都将有更新解决方案，并体现与城市发展更加融合，环境可持续以及公共交通无缝衔接等特征。

3.2   代表性产业基础设施

新加坡的各类产业园区是作为国家重要资产和国家基础设施的重要组成部分而规划、开发、运营和适时升级的，是新加坡产业发展的硬件"底盘"，其模式、效率和能级等对产业发展影响很大。因此，新加坡产业基础设施的升级发展进程独具特色。

3.2.1   裕廊工业区和裕廊镇

建设裕廊工业区是新加坡工业化发展的第一步。1961年前的裕廊是新加坡西部临海大片未被开发的土地，大部分土地为国有，地势平缓，由丘陵、沼泽地、一些鱼虾塘和种植园组成。人口稀少，主要是农民和渔民，这使得土地征集、土地平整和人员安置的工作容易操作，具有建设全新工业区和货运港口的良好自然条件（图3-4）。

1961年裕廊工业区开始建设，规划临海土地发展重工业和港口，紧邻重工业发展一般工业和轻工业，在轻工业用地附近再开发居住区。工业区建设的早期任务是填满空置土地，快速解决失业问题，通过兴建标准厂房和各种基础设施，对厂商提供政策优惠来吸引投资。1962年新加坡大众钢铁厂（National Iron & Steel Mills）成为第一家设立在裕廊工业区的制造业企业。早期工业区内的产业包括木材、石油、石油钻机制造、造船和维修等。

裕廊工业区在起步阶段发展非常缓慢。虽然当时工业区规划预期是容纳20万居住人口，但是至1965年实际居住人口大约只有1600人[3]。与生活相关的配套设施严重不足使当时的裕廊工业区缺乏活力和居住吸引力，就业人员的居住及生活配套主要还是依托其他新镇来完善。1968年成立的裕廊集团担负起管理和发展裕廊工业区以及全国其他各工业区的责任，裕廊工业区的发展开始进入另一个阶段，建设速度大大加快。裕廊集团对于裕廊工业区的规划愿景很明确——不仅要容纳工业地产和住宅，也要建设公共服务、公园绿地、生活娱乐、休闲商业等配套设施，提高工业区内的生活质量，成为一个综合功能的新镇。裕廊集团相继在裕廊建设裕廊镇大会堂和镇中心、各类公寓住宅、教育设施、一系列公园绿地[8]、剧院和体育综合体以及现代卫生医疗系统等（图3-5），工业区的居住人口预期也调整为10万人。1972年，裕廊已不再是只提供工作岗位的地方，成为一个职住平衡、自给自足的综合型新镇，镇内居住人口达到3.2万人。至20世纪70年代末，因为其所能提供的良好基础设施和服务，裕廊成为很多国际企业海外办厂的首选地。1979年，裕廊开发面积达5600公顷，容纳了超过1200家企业和9.3万名就业人员，成为新加坡第五大新镇[9]。

3.2.2 科学园—商务园—专业产业园区

20世纪80年代和90年代，新加坡经济转向资本和科技密集型产业，承载创新研发功能的新模式产业园区应运而生。以往工业园区低密度的标准厂房模式被淘汰，坐落在花园式环境里的高密度、高标准

---

8. 1971年建设裕廊鸟公园（Jurong Bird Park），1973年在裕廊湖的人工岛上建设日式花园星和园（Japanese Garden），1975年建成中式花园裕华园（Chinese Garden）以及提供高尔夫运动的裕廊乡村俱乐部（Jurong Country Club）。裕华园和星和园合称为裕廊花园。
9. 参见 https://www.jtc.gov.sg/about-us/our-journey/Pages/default.aspx。

图 3-4　裕廊工业区范围和总平面示意图。图片来源：JTC

图 3-5　建设中的裕廊镇，照片中的白色建筑为裕廊镇大会堂（Jurong Town Hall），裕廊镇大会堂在 1974—2000 年是裕廊集团总部。图片来源：JTC

图 3-6　新加坡科学园一期，整个园区呈低密度特点。图片来源：JTC

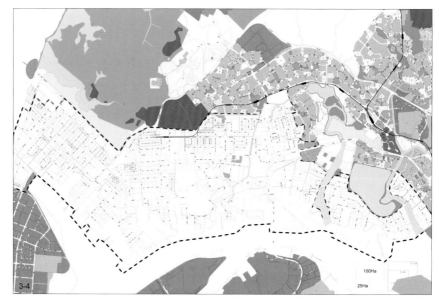

的高层建筑成为产业园区的新形象，以容纳高附加值和高科技企业。邻近新加坡国立大学的新加坡科学园是在这一理念下开发的第一个科学园（图 3-6），于 1980 年投入建设，历时 10 多年建成，园内企业以科技研发为主，集中在电子信息、生命科学以及能源化工等高新产业。吸取了科学园在规划和景观设计上的诸多经验教训后，创造工作、生活和休闲一体化的商务园区概念被引入。1992 年裕廊集团在裕廊东部开发了新加坡第一个国际商务园，占地 37 公顷，园区里的社交商业配套以及景观设计都很完善，至今已发展成一个充满活力的知识型场所，顺应并有力推动了裕廊工业区进入后工业时代产业升级的需求。商务园的土地运用也给予一定的灵活性，提供直接利用园区建设好的楼宇设施或者土地自用自行开发两种入园模式，入驻企业可以根据自己的需求进行定制。1997 年裕廊集团在新加坡东部开发 71 公顷的樟宜商务园，樟宜商务园除了延续国际商务园土地利用的灵活性外，也在探索提高土地利用效率，园区内 80% 的建筑达到了 2.5 的容积率，相比之下国际商务园只有 50% 的建筑达到这一标准，而新加坡科学园的建筑容积率只有 1.2—2.0[4]。

　　这一时期产业园的另一个重要特征是将同一产业链里相互支撑的相关产业集中在一起，共享资源设施，整合研发、生产和商务，通过产业集群最大化利用土地资源，实现协同合作。JTC 在这一理念下开发了特色的专业产业园区，如 1995 年的兀兰晶圆制造园、1997 年的大士生物医学园、为空港物流而建的新加坡机场物流园以及化学产业集群所在的裕廊岛。

3.2.3　裕廊岛

　　裕廊岛是产业集群的成功案例，作为新加坡能源和化学工业的基石，拥有 100 多家全球领先的石油、石化和特种化工公司，形成相互支持的石化产业生态环境。

　　20 世纪 70 年代早期，埃索、新加坡炼油公司和美孚石油公司已经在新加坡西南部的三个岛屿上建造了炼油设施[10]，使新加坡成为当时世界上的三大炼油中心之一。为保持新加坡在这一方面的全球竞争优势，同时因 20 世纪 80 年代后期的电子工业衰退，新加坡经济发展局积极推动化工产业，整合石油和石化产业成为国家战略，而要实施

---

10. 埃索在亚逸查湾岛（Ayer Chawan），新加坡炼油公司在梅里茂岛（Pulau Merlimau），美孚石油公司在北塞岛（Pulau Pesek）。

图 3-7　发展综合性化工产业的裕廊岛。图片来源：JTC

这一战略需要更多的工业用地。新加坡本岛上的工业用地非常稀缺，利用临海优势填海造地成为首选方案。20 世纪 60 年代以来完成的多次填海造地在规模和经济可行性方面增强了裕廊集团的信心。20 世纪 80 年代末，合并 7 座海中小岛建设裕廊岛化学产业中心的概念规划完成。

　　裕廊岛填海工程始于 1995 年，2009 年完成，比计划提前 20 年完成。填海工程包括将总面积 9.9 平方公里的 7 个小岛合并成一个 30 平方公里的巨大岛屿。规划理念是建设一个整合的综合性化工中心，产业布局围绕炼油产业，发展基础化工和中下游石油化工等产业（图 3-7）。裕廊岛作为第三方供应商基地，为整个产业集群提供支持。裕廊岛的整合规划实现了三个无缝集成的系统：①"即插即用"（Plug and Play）的基础设施系统，包括服务走廊、物流仓储以及一系列共享的公共服务，使企业节约成本、提高效率；②产业集群网络，生产链上的企业生产过程相互关联、彼此共生，一个工厂的产品成为另一个工厂的原料，形成了生产的协同效应；③共享电子商务平台上的信息技术网络。

　　为提高裕廊岛的竞争力和可持续性，《裕廊岛 2.0 计划》（Jurong Island Version 2.0 Initiative）于 2010 年启动，旨在关注五个关键领域：能源、物流与运输、原料、环境和水，支持转向更环保的燃料，提升新加坡洁净技术能力。

3.2.4　纬壹科学城

　　随着 1985 年开始的经济衰退和 20 世纪 90 年代其他国家的赶超，新加坡需要促进创新和创业，增加经济的多样性，同时提升价值链，创建知识密集型经济。因此，快速构建下一代产业园区吸引知识密集型人才和产业成为当时的迫切任务。新加坡政府在 1998 年 9 月 15 日的科技初创企业大会（TechVenture 98）上宣布在波那维斯达（Buona Vista）片区建立科学中心。该片区位于《1991 年概念规划》里的南部科技走廊内，毗邻新加坡科学园、新加坡国立大学和新加坡国立大学医学机构，便于发展企业和科研机构的伙伴关系。和裕廊岛产业集群不同的是，这里的集群化不仅只体现在共享基础设施上，要共享和聚集的还有对研发至关重要的创新想法，如何培育一个研发企业和学术机构共享的社区环境成为关键。

2001 年科学中心命名为纬壹科学城，是裕廊集团对工业地产实施详细规划设计导则（Detailed Planning Design Guidelines）的首创试点项目，高标准的城市设计贯彻整个园区（图 3-8）。裕廊集团组织成立纬壹科学城指导委员会（The One-North Steering Committee）来解决各方矛盾，如传统的规划规范在建筑退界、道路断面和土地利用分区等方面的冲突和挑战。科学城的开发还采取了政府和社会资本合作的新模式。裕廊集团作为战略开发者，负责监管 20% 的工程，余下的大部分工作由私营部门监管完成，使开发商愿意积极参与开发工作。

3-8

图 3-8　纬壹科学城及周边大学和科研机构示意图。图片来源：JTC

图 3-9 纬壹科学城总体布局示意图，图中红色虚线表示纬壹科学城范围，每块土地上的数字表示容积率，颜色表示用地性质。图片来源：底图来自URA《2019年总体规划》

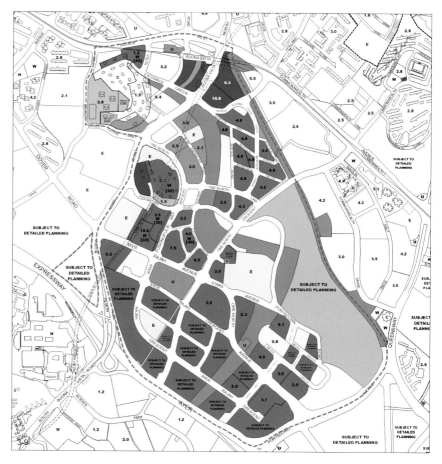

　　纬壹科学城占地 200 公顷，2001 年通过国际竞赛选用扎哈·哈迪德建筑师事务所（Zaha Hadid Architects）的规划方案，在 15—20 年内分期建设完成，支持新加坡在生物医学、信息通信技术、媒体、物理科学和工程领域的发展（图 3-9）。作为新加坡最新的知识型产业园区，纬壹科学城整合教育研发机构、居住以及休闲商业配套设施来创造一个工作—生活—学习—游憩相结合的环境（图 3-10）。科学城内有 2 条地铁线路的 2 个换乘站，园区内有专用的接驳巴士满足通勤者的需求，步行 200 米范围内均有公共交通站点。占地 16 公顷的线性公园贯穿整个科学城的中部，被视为科学城的城市客厅，通过举办丰富多彩的活动来促进社区互动。纬壹科学城包括关注生物医药研发的启奥生物医药园（Biopolis）、关注资讯通信研发的启汇园（Fusionopolis）、媒体工业园（Mediapolis）、聚翠林商业中心（Vista）、提供居住选择的威硕斯村（Wessex Estate）、起步谷（Launchpad）、作为餐饮和生活方式中心的罗切斯特公园（Rochester Park）、作为培训中心的尼泊尔山（Nepal Hill），以及数字媒体中心（Pixel）。

图 3-10　纬壹科学城整体景观。
图片来源：JTC

　　纬壹科学城有以下几个突破性举措：①充满活力的街道。高度活跃的街道能为研发人员提供相遇、交流和思想碰撞的可能性。科学城的建筑物布局紧凑，连接在一起营造街道氛围（图 3-11）。与标准的建筑退界不同，启奥生物医药园里的建筑没有任何退界，形成适合新加坡热带气候的阴凉街道。总体规划里道路面积减少，狭窄的开放性可步行街道空间成为主要的互动区域，社区生活从建筑物内蔓延到街道上，促进各行业的交流融合。②科学城实施了比新加坡其他地方更窄的非标准道路断面。道路宽度缩小且很少有四车道道路，方便行人通过，提高可步行性。内部道路用花岗岩、鹅卵石等代替沥青铺筑，为行人创造一个安全适宜的步行环境（图 3-12，图 3-13）。③"白地"概念的新运用。和在中央商务区实行的以市场力量决定创造最高商业价值的土地用途的"白地"概念不同，整个科学城内所有用地都是"商务园地"和"白地"相结合的模式（Business Park + White Zone），使土地利用满足商务使用外可以混合其他功能，分区的灵活性也使不同土地用途的比例能够根据需要在不同阶段进行调整。

至 2019 年 5 月，科学城内已有 5 万名工作人员，3900 名居住者，400 个国际领先公司，800 个创新初创企业，吸引 70 亿新元的投资。纬壹科学城通过创新型的规划和发展理念，在多元化的产业集群和充满活力的社区助力下，将继续带来发展机遇。

3.2.5 多层立体厂房

为确保未来工业发展仍有地可用，要实行多管齐下的策略提升土地效率。1997 年裕廊集团制定的《21 世纪工业用地规划》不仅促进老旧厂区的复兴重建，也带来了新的工业建筑模式。多层立体厂房就是其创新成果，重型卡车和大型货车均可通过车行坡道进入高楼层厂房，每一个厂房单元都能享受与地面相同的便利，拥有专用的装卸区和停车位，将原有地块容积率提高到 2.0 以上（图 3-14，图 3-15）。2016 年完工的新民路汽车城（Sin Ming Auto City）除了采用多层立体厂

图 3-11 纬壹科学城内的典型街道，摄于 2019 年。图片来源：作者拍摄
图 3-12 纬壹科学城办公楼之间的绿化和休憩空间，摄于 2011 年。图片来源：作者拍摄
图 3-13 纬壹科学城办公楼之间尺度宜人的绿化，公共空间注重景观设计，摄于 2011 年。图片来源：作者拍摄

房外，也将工作生活休闲一体化理念体现在建筑设计中。建筑共 8 层，含 162 个汽车综合用途车间，每个车间都设有一个夹层办公室和专门的工人居住区，整个建筑拥有员工食堂、娱乐中心和便利店等基本设施。为确保不影响工人的健康和生活水平，精心集成一系列被动式可持续性设计，如空气井、垂直绿化和雨水收集等。项目占地面积 2.1 公顷，容积率达到 2.5。

对土地立体化运用的概念也被应用于农业领域，发展出垂直农场。新加坡民众食用的农作物约有 90% 依靠进口，为解决国内粮食供给比例过低的问题，依赖高科技的立体垂直农场成为新加坡都市农业的创新模式，同时政府也大力推广利用公共住宅停车场屋顶建设城市空中农场，用更少的土地实现更高的产量。2012 年建成的林厝港天鲜农场（Sky Greens）是世界上首个利用低碳水力垂直回转技术[11] 种植热带蔬菜的农场，占地 3.65 公顷。和传统土地耕种方法相比，天鲜农场的产量是平地的 10 倍以上，而且可以保证全年都有收成。同时，垂直养殖技术也在新加坡得到实践。浮池（Floating Pond）以垂直堆叠的鱼池组成，2015 年 3 层楼高的浮池原型建成，共有 6 个鱼池，每层 2 个，每一层鱼池养殖不同品种，更好地顺应消费者需求，每月鱼产量达 10 吨。新改良的浮池垂直渔场将依据模块建筑方式，高度可达 6 层或更高，将利用太阳能光伏科技发电，池水可用于种植蔬菜和藻类，产出的微海藻可作为饲料喂鱼，发展成一个自给自足的垂直养殖系统。一旦大量推广落实，未来或可在公园、公共住宅楼顶甚至高架桥下实现都市水产养殖[12]。

图 3-14　用高架车道相连的多层立体厂房区域(位于兀兰)。图片来源：丰树产业私人有限公司(Mapeltree Investments Pte Ltd)

图 3-15　设置螺旋型坡道的立体厂房(位于兀兰)。图片来源：丰树产业私人有限公司(Mapeltree Investments Pte Ltd)

---

11. 该垂直种植技术是在 9 米高，侧面和截面为 A 字形的铝架上种菜，蔬菜种在横向"梯阶"上，各个"梯阶"借助水力上下回转，使蔬菜能依次升到架子顶部吸收阳光，参见 https://www.zaobao.com.sg/sme/sme-interview/story20170523-763020。
12. 参见 https://www.zaobao.com.sg/sme/news/story20170905-792616。

3.2.6 地下空间资源利用——裕廊地下储油库和地下科学城

新加坡土地稀缺，不断增加工业用地难以为继，迫切需要通过拓展地下和基础设施上空潜在的空间资源以满足增长需求。

为应对日益增加的石油储存需求而开发的裕廊地下储油库是东南亚地区第一座利用地下空间储存液态烃的储油库，位于裕廊岛邦岩海湾（Banyan Basin）下130米深的地方，是新加坡迄今为止最深的地下工程。在裕廊岛下方建设地下储油库不但能确保存储品的安全，也为在此运营的化工企业提供了更多的基础设施支持，同时释放地面近60公顷的土地用于石化产品制造等高附加值的产业，工程挖出的大量岩土还可继续用于裕廊岛的填海造地。一期工程建设含5个岩洞，总长340米，宽20米，高27米，近9层楼高，可储存147万立方米的液态烃，规模近600个奥林匹克比赛规格的游泳池，工程还包括长达8公里的隧道以及一体化管网。整个工程从2001年开始进行可行性研究，2007年开始建设一期工程，1号和2号岩洞于2014年竣工运营。二期工程同样包含5个岩洞，全面竣工后整个储油库的容量将翻倍[13]。

除裕廊岛地下储油库外，政府正在研究将丹戎吉宁（Tanjong Kling）等地区的地下空间用于公共服务、储存、物流和工业用途的可行性。在肯特里奇公园（Kent Ridge Park）下方建设地下科学城的计划也正在进行可行性研究[14]。地下科学城借助周边现有研究中心的优势，将发展成独立自主的地下设施，为研发机构和数据中心所用。同时辅助地下空间规划开发的工具也在研发中，将根据地面土地用途的兼容性和地质适宜性等确定有潜力开发地下空间的区域，对地下空间开发的位置和类型提供指导，确保不对地面开发造成负面影响。可视化的三维地下空间规划（3D Underground Space Plan）目前用于3个主要地区——滨海湾新区、裕廊创新区和榜鹅数字区，之后该计划将扩展到新加坡其他地区[15]。

大型基础设施的上空使用权也正在探索中。如在大型基础设施的上空修建跨越式平台，使行人通行免受现有道路阻隔的影响；修建跨越主要高速公路和主干道的嵌入式建筑等来强化土地利用。

3.2.7 洁净科技园

进入21世纪，环境可持续性日渐成为许多跨国公司的战略重点。经济发展局把握这一趋势，将发展洁净技术产业作为经济增长的关键领域之一，并将新加坡定位为为洁净技术公司开发创新、测试和商业化提供可持续解决方案的亚洲中心。建设洁净科技园区是 2009 年公布的《新加坡可持续发展蓝图》（Sustainable Singapore Blueprint 2009）的关键举措之一 [5]。作为新加坡第一个生态商务园，洁净科技园位于裕廊的惹兰峇哈（Jalan Bahar），紧邻南洋理工大学，占地 50 公顷，开发重点是保护该地区的自然环境和生物多样性，展示建筑和基础设施的可持续技术。同时科技园自身也是一个绿色技术实验室，促进洁净技术领域的技术创新和企业发展。洁净科技园于 2010 年开工，分三期建设，容积率最高可达 2.5。因为所在场地是次生林地，裕廊集团为之专门制定了多层面的绿化和水体规划，采用了最小限度的土地开发原则来保护环境和生态，回收利用和滞留过滤雨水的 ABC 水计划理念 16 也贯穿整个项目。预计 2030 年全面完工后，科技园可以提供 2 万个工作岗位。

3.2.8 未来产业园区——裕廊创新区和榜鹅数字区

21 世纪的商业景观中，可持续性和数字化是两大最有市场影响力的趋势，也是新加坡未来的经济布局。制造业一直是新加坡的支柱产业之一，数字化和自动化将改变制造业的未来，为保持新加坡的全球及亚洲科技创新与企业总部中心的位置，新加坡积极推出工业转型计划，拥抱工业 4.0[17]。在工业 4.0 时代，科技公司注重的是互联互通以及完整的科技生态系统。新加坡要聚集全球的资金和人才就要进一步发挥群聚效应，加强对科技公司的吸引力。裕廊创新区和榜鹅数字区是新加坡未来全新模式产业园区的代表。

2019 年裕廊集团宣布打造新一代的面向未来的产业园区。裕廊集团在新加坡西部制造业集中区域划定了包含南洋理工大学、洁净科技园、登加（Tengah）、武林（Bulim）和峇哈（Bahar）五部分的区域创建裕廊创新区，总占地 600 公顷（图 3-16）。这里将成为先进制造业、机器人技术、智慧城市、洁净科技和智能物流的新发展区，承载从研发制作、原型化、测试到生产和供应链管理的整个制造业价值链和产

---

13. 具体内容参见 https://www.jtc.gov.sg/industrial-land-and-space/Pages/jurong-rock-caverns.aspx。
14. 具体内容参见 https://surbanajurong.com/sector/underground-science-city/。
15. 具体内容参见 https://www.ura.gov.sg/Corporate/Data/Resources/Publications/Annual-Reports/Web-AR/Web-AR-19/AnnualReport2018-2019/Theme-3-landing/Proofpt-1-accordions/3D-underground 和 https://www.ura.gov.sg/Corporate/Planning/Master-Plan/Themes/A-Sustainable-and-Resilient-City-of-the-Future/Creating-Spaces。
16. 新加坡 ABC 水计划参见本书第 4 章相关内容。
17. 所谓"工业 4.0"是指以智能制造为主导的第四次工业革命，利用信息技术促进产业变革和产业智能化是突出特点。

图 3-16　裕廊创新区总体布局
示意图。图片来源：JTC

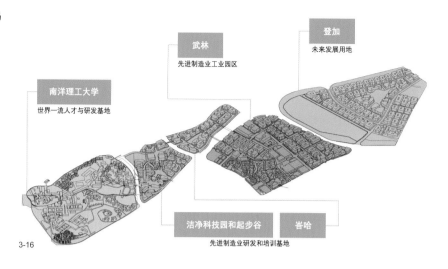

3-16

业生态系统，建成后预计将创造 9.5 万个新的工作岗位。创新区也将
是新加坡最大的生活实验室（Living Lab），成为测试 5G 和自动驾
驶汽车技术的理想区域[18]。整个园区将在 20 年内分阶段发展，第一期
工程约在 2022 年完成。除了秉承产业园区的复合功能，创新区的一个
重要特点是其开发具有强烈的可持续性特点。园区坐落于自然环境中，
绿化覆盖率高达 40%，全长 11 公里的无车空中走廊将贯穿整个创新
区（图 3-17）。新增的裕廊地区线（Jurong Region Line）的 6 个车
站将提供公共交通服务。这里还将建设新加坡首个地下区域物流网络
（Underground District Logistics Network），可以在不影响地面
活动的情况下在整个园区内高效地运输货物。区域供冷系统和楼宇管
理中心将监控整个区域的能耗。

　　榜鹅数字区作为另一个数字经济增长点，布局在新加坡东部的榜
鹅镇北部。这是新加坡第一个真正的智慧城区，占地 50 公顷，联合
新加坡理工学院进行产学合作，打造一个充满活力的多功能商务区，
不仅容纳数字经济增长的关键行业（如网络安全和数字技术），也将
集成智慧城市技术（如开放的数字化平台、集中式物流系统、区域供
冷系统、气动垃圾收集系统、智能能源网等），帮助社区创造更宜
居和可持续的环境（图 3-18）。同时，作为新加坡的第一个企业区
（Enterprise District）[19]，在榜鹅数字区试行总容积率控制但各个地
块容积率根据建设需求保持一定灵活性的新办法。这一新办法更有利
于整体规划，尤其是如人行通道和公共空间的布局问题。土地使用组

18. 参见本书第 5 章相关内容。
19. 具体内容参见 https://www.ura.gov.sg/Corporate/Media-Room/Media-Releases/pr17-17。

图 3-17　裕廊创新区城市空间
示意图。图片来源：JTC
图 3-18　榜鹅数字区规划设计
鸟瞰图，图中①商务园；②住宅；
③商业中心；④古迹步道；⑤校
园大道；⑥新加坡理工学院。图
片来源：JTC

合也提供更大的灵活性（图 3-19），产业界和学术界彼此共享工作空
间和设施，如新加坡理工学院的研究实验室和学习设施可以位于商务
区内，同样，裕廊集团也可以在新加坡理工学院校园内设立研发和创
业空间，这种物理上的整合促进了思想交流和关键新兴技术之间的协
作，使协同作用最大化。

　　这两个综合功能产业园区（或者称为城市区域），不仅使工作机
会更接近住区，促进产学研的广泛合作，实现工作生活休闲一体化，
提供可持续且充满活力的场所，也是新加坡迎接未来经济挑战的基础。

77

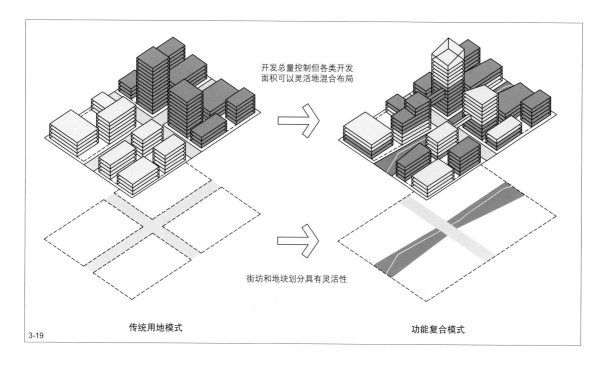

开发总量控制但各类开发
面积可以灵活地混合布局

街坊和地块划分具有灵活性

传统用地模式   功能复合模式

3-19

图3-19　榜鹅数字区土地利用
灵活性示意图,左图为传统用地
模式,右图为允许企业区采用的
功能复合模式。图片来源: URA

　　新加坡产业空间规划和发展每20年实现一轮转型升级, 在有限土
地资源上创新使用填海、向地下和空中发展等高效的土地利用方式,
甚至实现了某些第一产业的职能, 对国家产业经济发展起到强有力的
支撑作用。概括而言, 土地制约促使新加坡以国家力量确保最大限度
地创新利用土地空间, 确保产业空间的功能混合与兼容特征不断加强,
开发强度也随之显著提升, 同时产业园区越来越重视绿色与可持续发
展, 园区向综合功能城区转型趋势日益明显, 土地规划与管理手段不
断改革以适应产业发展需求, 值得深入研究和借鉴。

主要参考文献

[1] 李光耀. 李光耀回忆录1965—2000. 新加坡: 新加坡联合早报出版社,
2000: 59-80.

[2] 朱介鸣. 城市发展战略规划的发展机制: 政府推动城市发展的新加坡经验.
城市规划学刊, 2012(04): 22-27.

[3] HENG C K, YEO S-J. Urban planning. Singapore: Straits Times
Press, 2017: 68.

[4] HENG C K, YEO S-J. Urban planning. Singapore: Straits Times
Press, 2017: 71.

[5] Inter-Ministerial Committee on Sustainable Development. A lively and liveable Singapore: strategies for sustainable growth. Singapore: Ministry of the Environment and Water Resources and Ministry of National Development, 2009.

[6] WONG T-C, ADRIEL Y-H. Four decades of transformation: land use in Singapore 1960—2000. Singapore: Eastern University Press, 2004.

[7] Jurong Town Corporation. 20 years on: Jurong Town Corporation (1968—1988). Singapore: Jurong Town Corporation, 1988.

[8] Jurong Town Corporation. Industrial land plan for the 21st century. Singapore: Jurong Town Corporation, 1997.

第 4 章　水资源和绿化管理

纪雁　沙永杰

水资源和绿化一直是新加坡城市规划管理的重要内容，是决定新加坡环境品质和城市竞争力的关键因素之一，也是新加坡国家发展战略的重要组成部分。缺乏天然水资源的新加坡在建国之初面临饮用水供应不足、卫生条件差和季节性洪水泛滥等诸多问题，水资源是影响民生和国家政治经济命脉的重要因素。建国之初，为应对严峻的城市环境问题而提出的花园城市理念在 50 多年的发展过程中被严格执行和不断升级，产生巨大而深远的积极作用。当今的新加坡已发展成水系丰富的花园城市，水资源和绿化已超越生存需求标准，朝向人居环境的可持续发展和保护生物多样性等新目标发展，成为新加坡重要的城市资产和竞争力优势。

4.1　水资源——实现自给自足的重大举措

4.1.1　水资源整体情况

　　新加坡曾完全依赖马来西亚供水，水资源安全问题促使新加坡必须做长期战略规划，实现水资源自给自足一直是国家层面的目标。1971 年新加坡总理办公室下设水资源规划部门，研究利用非保护集水区（Unprotected Catchment）的水源和非常规水源（中水利用和海水淡化）的可行性，并在 1972 年推出《水资源总体规划》[1]。这份规划勾画出新加坡水资源长期发展的蓝图[1]，经过 50 年不断创新发展，新加坡已具备水资源自给自足能力。

　　目前，新加坡水资源共有四个来源——除了进口水，还有水库、新生水（NEWater, 也称"中水"）和海水淡化三个自主来源。至 2020 年新加坡总需水量每日约 200 万立方米，其中生活用水占 45%，非生活用水占 55%。供水能力方面，新生水供水已占总需求量的 40%，海水淡化供水可达总需求量的 30%。预计新加坡总需水量在 2060 年翻倍，其中非生活用水占比将达 70%，届时，新生水供水将占总需求量的 55%，海水淡化供水将占总需求量的 30%。也就是说，到 2060 年，仅新生水和海水淡化两项将满足新加坡 85% 的总需水量[2]。新加坡与马来西亚柔佛州政府达成的水供应协议将在 2061 年终止[2]，目前仍较大比例使用进口水主要是因为价格因素。虽然建国后，尤其是进入 21 世纪以来，新加坡水库数量增多，集水能力大幅提升，但这一水源对新加坡自然环境系统的调节作用十分重要，很大程度上是被作为储备水资源。

4.1.2 河道治理

新加坡河是新加坡的母亲河，也是滨海水库（Marina Reservoir）的主要水源。从 19 世纪初新加坡成为英国的贸易站并在新加坡河口设立自由港到建国后的 20 世纪 60 年代，新加坡河承载繁忙的贸易口岸功能，长期的人口高密度聚居与繁忙的经济活动使河道污浊不堪（图4-1）。为建设清洁城市，配合建设城市非保护集水区和保障水质，李光耀于 1977 年提出清理新加坡河的计划。清河历时 10 年，多个政府部门协同合作，迁移向河道倾倒废水、排泄物的作坊和养猪场，清理河道垃圾，疏浚河床，沿河贫民窟的居民和商贩也被安置到有现代化卫生设施的公共住宅区和摊贩中心。治理后的新加坡河让城市面貌焕然一新，沿河土地升值并得到重新开发，水质也大幅提升（图4-2）。为向民众传达环境保护理念，政府开展"保持新加坡清洁活动"（Keep Singapore Clean），这项活动教育新加坡人保持公共环境和河道干净整洁的重要性，从 1968 年起，这项活动每年举办一届，成为延续至今的传统。

4.1.3 建设水库收集每一滴雨水

（1）建设非保护集水区收集城市雨水

新加坡国土面积有限，随着城市建成区的扩张，越来越缺乏收集和储存雨水的空间。20 世纪 60 年代，新加坡只有麦里芝（MacRitchie Reservoir）、贝雅士（Peirce Reservoir）和实里达（Seletar Reservoir）3 个位于自然保护区内的水库。为解决无法在自然保护区内设置新水库的困境，1972 年的第一个水资源总体规划提出了创新的解决办法——在全岛建设一系列非保护集水区，也就是位于自然保护区之外的集水区，每个集水区内建设水库。这些集水区位于城市建成区域，地表水体有机质含量高，水质较差。为了改善水质，政府出台一系列对应措施，改进过滤技术，实施更严格的防污染控制和废弃物管理等举措。1983 年起严格执行《集水区政策》（Water Catchment

---

1. 1971 年成立了水资源规划部门，用以评估扩大供水的范围和可行性。根据该部门对常规和非常规水资源的研究，1972 年起草了第一个水资源总体规划，成为指导新加坡长期水资源发展的蓝图并列出一系列行动方针，确保当地供水的多样化和充分性，以满足未来预计的需求。该文件还规划在继续采用水回收利用和海水淡化措施的同时，建立城市化集水区。
2. 新加坡与马来西亚柔佛州政府 1961 年达成的 50 年供水协议于 2011 年 8 月 31 日结束，根据双方在 1962 年达成的补充协议，新加坡 2011 年后可以继续从马来西亚进口水，每日进口水量有上限，补充协议约定至 2061 年结束。

图 4-1　1972 年的新加坡河驳
船码头一带。图片来源：Jean-
Claude Latombe

Policy），对非保护集水区相关的土地开发进行相应管控（主要针对开发强度和人口密度两个指标），土地开发类型也仅限于住宅和非污染行业。随着负责水资源管理的公用事业局（Public Utilities Board，简称 PUB）水处理能力的不断提升，对土地开发强度控制在 1999 年后放宽。2011 年以来，随着滨海、榜鹅和实龙岗这些非保护集水区和水库的陆续建成，集水区面积从占新加坡国土面积的一半增加到三分之二。雨水通过河流、人工排水渠和排水管网收集并输送到全国的 17 个集水区水库。新加坡是世界上为数不多的能够大规模收集处理城市雨水用于供应饮用水的国家之一。未来新加坡计划将集水区面积提高到国土面积的 90%，而且绝大多数都是非保护集水区（图 4-3）。

（2）滨海堤坝

随着新加坡河治理的成功，李光耀于 1987 年提出建设滨海堤坝（Marina Barrage）并形成大型淡水湖（水库）的构想。新加坡滨海堤坝于 2008 年 10 月 31 日开放使用，新加坡第 15 个集水区水库——滨海水库也随之建成，这是新加坡首个坐落在中央商务区的水库（图 4-4）。长 350 米的滨海堤坝建设在新加坡河入海口，9 扇可旋转的 30 米宽 5 米高的巨大闸门将海水拦截在淡水区域外。闸门高度根据涨潮时的最高水位设定，以阻挡海水涌入水库。通过雨水的自然替代，滨海水库内的海水逐渐脱盐，经过两年的时间转变为巨大的淡水水库。

4-2

图 4-2 1986 年的新加坡城市中心范围，治理后的新加坡河面貌焕然一新。图片来源：National Archives of Singapore

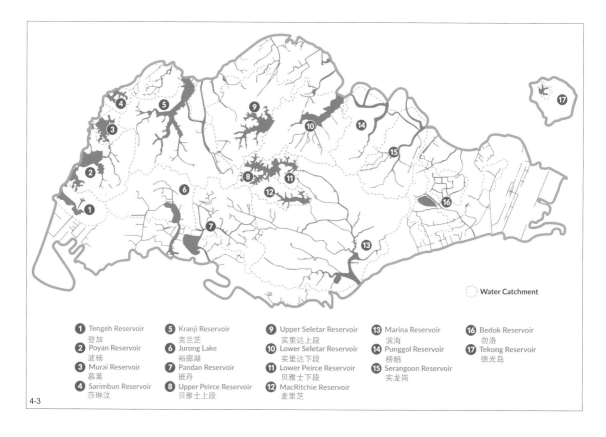

4-3

1	Tengeh Reservoir 登加	**5**	Kranji Reservoir 克兰芝	**9**	Upper Seletar Reservoir 实里达上段	**13**	Marina Reservoir 滨海	**16**	Bedok Reservoir 勿洛
2	Poyan Reservoir 波杨	**6**	Jurong Lake 裕廊湖	**10**	Lower Seletar Reservoir 实里达下段	**14**	Punggol Reservoir 榜鹅	**17**	Tekong Reservoir 德光岛
3	Murai Reservoir 慕莱	**7**	Pandan Reservoir 班丹	**11**	Lower Peirce Reservoir 贝雅士下段	**15**	Serangoon Reservoir 实龙岗		
4	Sarimbun Reservoir 莎琳汶	**8**	Upper Peirce Reservoir 贝雅士上段	**12**	MacRitchie Reservoir 麦里芝				

滨海堤坝的建设大大增加了新加坡集水区范围，同时也起到防洪作用。正常状态下，液压控制的闸门是关闭的，当暴雨伴随着低潮时，闸门将打开，释放多余的雨水进入大海。当暴雨与涨潮同时发生时，闸门将保持关闭状态，利用水泵将多余的雨水泵入大海。由于不受潮汐影响，水库水位全年保持不变。堤坝旁呈 9 字形的滨海堤坝大楼内设有互动展馆，讲述新加坡水资源相关的故事。大楼的屋顶一边是绿意盎然、供游人休闲活动和野餐的公园，另一边则装置约 400 片太阳能板，总面积相当于一个奥林匹克泳池，为展馆及控制中心提供能源。建成后的滨海堤坝不仅起到蓄水和防洪作用，也是新加坡市民周末出游的目的地之一（图 4-5—图 4-7）。

（3）雨洪管理系统

新加坡地处赤道，雨水充沛，在雨洪管理方面的一系列举措确保城市能够应对今后更加频繁和强烈的暴雨，强化排水系统，同时将雨水作为重要水资源进行有效收集。雨洪管理系统中的三个要点包括：①源头解决方案——自 2014 年 1 月起，所有占地 0.2 公顷及以上的新开发和再开发项目都必须通过项目场地内的雨水滞留设施（Detention

图 4-3　新加坡集水区和水库示意图。图片来源：PUB, Singapore's National Water Agency

Tank)、雨水花园（Rain Garden）或生物滞留洼地（Bio-retention Swale）等措施减缓雨水径流进入公共排水管网；②路径解决方案——强化排水管网，增加强降雨时的排水能力，新加坡于 2011 年提高了排水设计标准，根据集水区面积，排水管网的能力增加 15%—50%；③尽端解决方案——旨在为建筑物和关键基础设施提供加强的防洪保护，包括设置最低平台、防洪屏障以防止洪水进入建筑物等一些具体措施。

4.1.4 水回收利用最大化——新生水

（1）新生水发展历程和用途

新生水是采用先进薄膜技术将处理过的污水再进一步处理成高质的再生水。新生水能有效缓解干旱季节造成的缺水问题，是新加坡实现可持续自我供水的重要举措。新加坡新生水最早源于 20 世纪 70 年代，当时新加坡政府委托相关机构研究生产再生水的可行性。虽然研究证明技术上是可行的，但该技术的高成本和未经证实的可靠性是很大的决策障碍。至 20 世纪 90 年代，薄膜技术的成本降低，性能大大提高，美国等其他国家已越来越多地将此技术用于水处理和开发。1998 年，新加坡政府成立一个专门团队测试最新渗透薄膜技术，并在两年后建

图 4-4　位于入海口的滨海堤坝，摄于 2019 年。图片来源：作者拍摄

图4-5 滨海堤坝大楼内部庭院
和入口,摄于 2019 年。图片来
源:作者拍摄
图4-6 滨海堤坝大楼绿色屋顶
是市民休闲娱乐的公共空间,摄
于2019 年。图片来源:作者拍摄
图4-7 滨海堤坝和通道,摄于
2019 年。图片来源:作者拍摄
(a) 堤坝大楼屋顶上的滨水通道
(b) 堤坝、配套设施和连接两岸
的通道

4-5

4-6

4-7a

4-7b

设实验工厂，实验工厂每天可以生产1万立方米再生水。新加坡将这个再生水命名为新生水。新生水通过了大量繁复的科学测试，测试结果完全符合世界卫生组织对饮用水的要求。2003年，新加坡政府向民众正式推介新生水，并在勿洛（Bedok）和克兰芝（Kranji）开设2个新生水厂和新生水中心（水博物馆，用于展示水资源可持续再利用知识）。至今，新加坡已有5家新生水厂，已具备满足全国40%总用水量的产能，预计在2060年将达到满足未来55%总用水量的产能。新生水厂每年接受2次由各个相关学科领域的国际专家组成的外部审查小组的严格审查，以确保水质。

新生水的生产主要包括微滤、反渗透和紫外线消毒三步技术流程[3]，虽然是再生水，但水质等级高。新加坡新生水主要有两方面用途：①非饮用用途，通过专用管网交付给工业客户，由于是超洁净水，能应用于晶圆制造厂（这类工厂对水质的要求比饮用水更严格），也可以作为工业用水和商业建筑的空调冷却等用途；②间接饮用，在干旱季节将新生水添加到水库中与天然水混合，混合水经水厂处理后形成饮用水。

（2）深埋排水隧道系统

深埋排水隧道系统（Deep Tunnel Sewerage System）是配合大规模新生水生产（水再生利用工程）的一项重大举措，通过这一隧道系统将整个新加坡的污水收集并输送到集中式水回收处理厂（Water Reclamation Plants），并在水厂净化成新生水。建设这一隧道系统既确保新生水系统可持续供应，也逐步淘汰分布在全岛的现有水回收厂和水泵站，其所占土地得以再开发。新加坡的深埋排水隧道系统包括4个部分：①连接下水道网络——将现有的排污管道从住宅区和工业区连接到深埋隧道，管径从0.3—3米不等，位于地下10—30米的深度范围，采用非开挖的构造和施工方法，最大限度减少对地面活动的影响；②2条主要深埋大型隧道直径达3.3—6米，有足够容量接收污水；③3个大型集中式水回收处理厂建设在北部克兰芝、东部樟宜和西部大士，服务半径覆盖全岛；④深海排水管将处理后有余量的水排入海里。整个深埋排水隧道系统分两期建设，第一期工程已于2008年竣工，第二期预计于2025年竣工。大士水回收处理厂将与新建设的

---

3. 新生水的三步技术流程：①微滤——过滤包括一些细菌在内的微颗粒；②反渗透——除去污染物，形成高质水；③紫外线消毒——通过紫外线照射确保根除任何残余生物，再添加化学药剂以平衡水的pH值。

垃圾焚化厂毗邻而建，这个命名为大士污水与垃圾综合处理厂（Tuas Nexus）的综合项目是全球首个集污水与垃圾处理功能的大型设施，预计从 2025 年起分阶段启用。将两个处理工厂建设在同一地点除了可有效减少土地使用，也能充分结合污水与垃圾处理科技，使厂区达到百分百能源自供，还能把处理过程中产生的剩余电力输送至全国电网，这些电量能满足约 30 万套 4 房式公共住宅的用电需求 [4]。

4.1.5　海水淡化

1972 年新加坡水资源总体规划推出后，新加坡就开始对海水淡化技术的可行性展开研究，但由于生产成本高，这项研究当时并未取得实质性成果。随着海水淡化技术的改进，尤其是反渗透技术的全球普及降低了生产成本，为新加坡在 21 世纪大规模落地海水淡化创造了条件。目前新加坡有 5 个海水淡化厂 [5]，产能可满足新加坡目前用水总量的 30%。至 2060 年，海水淡化水预计将满足新加坡未来 30%的用水需求。2005 年投产的新泉海水淡化厂（SingSpring Desalination Plant）和 2013 年投产的大士南海水淡化厂（Tuas South Desalination Plant）都位于大士，是新加坡最早的两个海水淡化厂，均为公私合营性质。第三家海水淡化厂——大士海水淡化厂（Tuas Desalination Plant）是由新加坡公用事业局所有并运营，吸取了之前两家厂各自的技术优势，在生产技术上大大提升，产能更加强大，而且这座海水淡化厂配备了太阳能电池板，超过一半的厂房屋顶由太阳能电池板覆盖。利用海水加工成的淡化水储存在水库中，与天然水混合后进入供水系统。2020 年建成的滨海东海水淡化厂（Marina East Desalination Plant）紧邻滨海水库，采用了更高效能的海水淡化技术流程，能根据不同季节水库水位情况而采取不同处理流程。新加坡公用事业局仍在探索和实验更低能耗的海水淡化方法以确保淡化水的可持续和高产量，目前正在研究电去离子技术（一种利用电场从水中提取溶解盐的技术方法）和仿生学技术（模仿红树植物和广盐鱼利用少量能量从海水中提取淡水的生物过程），目标是将未来生产淡化水的能耗减半。

4.1.6　节约用水举措

新加坡政府通过在节约用水方面的长期努力，新加坡的人均生活用水量从 2003 年的 0.165 立方米 / 天降至 2017 年的 0.143 立方米 / 天，目标是到 2030 年减少至 0.140 立方米 / 天 [2]。

（1）价格手段——通过调整水价促进主动节水

水价应该合理反映水资源价值，才能确保新加坡水资源合理循环的可持续运行。为确保大规模投资的水基础设施能长期稳定运营，水价上涨成为必然。2017 年新加坡对 2000 年制定的水价标准进行全面调整，于 2017 年 7 月 1 日和 2018 年 7 月 1 日分两个阶段上调，总共上调 30%。新加坡水价包含三部分——水费（Tariff）、水资源保护税（Water Conservation Tax）和污水处理费（Waterborne Fee）。水资源保护税于 1991 年设立，生活用水每月用水量 40 立方米以下，水资源保护税按照水费的 50% 计算，40 立方米以上则按水费的 65% 计算[6]。使用新生水的非住宅用户缴付的水资源保护税按水费的 10% 计算。新加坡居民用水价格高于工业用水价格，2017 年水价上调后，如何有效节约用水成为新加坡人热议的话题之一，居民各显奇招合理降低用水量。水价上涨起到了明显的积极作用。

（2）具体管理措施

政府推出一系列强制性和奖励性措施推动所有新加坡企业和个人参与节水，这些举措包括：1983 年以来在所有非住宅建筑公共部分的用水部位强制安装节水装置；20 世纪 90 年代从公共住宅开始安装小排量抽水马桶，逐步强制扩展到所有新建项目；限制所有水具的最大出水流量；从 2009 年开始对用水设备强制要求标识节水性能，鼓励使用节水型产品；2017 年为居住在旧公共住宅的 6000 户低收入家庭免费更换、安装节水马桶；2015 年开展试点示范项目，为部分公共住宅住户在浴室喷淋管上安装水量监测器，洗澡时可以实时显示用水量——试点表明这一装置可以帮助住户节省约 3% 的用水量，因此 2018 年起公用事业局与建屋发展局合作，在新建设的公共住宅里安装这种淋浴用水监控装置。为了提高节水装备使用率，从 2019 年 4 月起，强制规定开发商在新建或改造项目时，必须使用达到一定节水标准的节水器具和装备[7]。针对工业用户，公用事业局鼓励采用 3R 举措（Reduce, Replace, Reuse）。2007 年政府设立省水基金（Water Efficiency

---

4. 新加坡《联合早报》报道的数据，参见 https://www.zaobao.com.sg/realtime/singapore/story2020 0908-1083271。
5. 新泉海水淡化厂建于 2005 年，大士南海水淡化厂（原名为 Tuaspring Desalination Plant）建于 2013 年，大士海水淡化厂建于 2018 年，滨海东海水淡化厂建于 2020 年，裕廊岛海水淡化厂建于 2021 年。
6. 具体内容参见 https://www.pub.gov.sg/watersupply/waterprice。
7. 新加坡《联合早报》报道的"系列省水措施"参见 https://www.zaobao.com.sg/znews/singapore/ story20170309-733543。

Fund），专项资助能够使企业减少 10% 以上用水量的改造项目。2015 年起，上一年度用水量超过 6 万立方米的用户必须向公用事业局提交新一年度用水管理计划。2019 年起，公用事业局强制要求每家商业机构派遣一名水设施经理参加节水管理培训课程[8]。

（3）节水教育

2016 年新加坡在各教育机构重启[9]每年一次的限量供水演习（新加坡华文报称为"制水演习"，Water Rationing Exercise）。新加坡曾经历的最后一次限量供水发生在 1963 年，当时新加坡遭遇干旱，麦里芝水库干涸，从 1963 年 4 月 23 日起实行了长达 10 个月的限量供水——日常使用的正常水源每周有 3—4 天被切断，每天断水时间最长达 12 小时，人们必须用水桶和脸盆到大街上的公共水龙头排队接水。年轻一代的新加坡人没有这种缺水生活经历，但在限量供水演习中，学校在一定时间内切断洗手池、饮水器，以及厕所的供水，学生只能利用之前存储在水桶或水瓶的水完成日常清洗，亲身体验水资源不足带来的影响。这一演习有效向学生传达珍惜每一滴水的观念，理解国家的水资源政策。

4.2 建设花园城市，并不断创新

4.2.1 早期的愿景和举措

新加坡建国之初城市面貌破败，河道发臭，街道污水横流，商业区基本没有植被。新加坡政府推动绿化建设的最初意图是遮丑，希望通过绿化快速美化城市环境和改善国家形象。1963 年李光耀发起的第一次植树活动标志着新加坡全面绿化的开始。但由于当时民众普遍缺乏环境意识，植树运动在最初几年并不成功[10]（图 4-8）。1967 年李光耀进一步提出"花园城市"建设愿景，将绿化作为国家建设的当务之急，要将新加坡建设成一个环境整洁的城市，绿树成荫的道路网络连接公园和开放空间，在美化城市的同时使人们生活愉悦，使新加坡成为旅游和外国投资的理想城市。1970 年，花园城市委员会（Garden City Action Committee）成立，确保各个政府机构密切合作，使绿化工作成为新加坡基础建设不可分割的一部分。

花园城市建设的最初阶段是以密集植树的形式实施，寻找适于热

带环境生长的树种及相关种植技术, 在最短的时间内种植尽可能多的树木, 软化城市景观并为市民提供绿荫。该计划取得了巨大成功, 至 1970 年底已种植树木 5.5 万棵, 1975 年颁布的《公园和树木法》(Parks and Trees Act) 进一步提高了整个城市的绿化率。到 20 世纪 70 年代中期, 公园成为花园城市建设的另一个焦点, 旨在为居民提供更多绿化休闲空间, 起到城市"绿肺"的作用, 这一理念对新加坡的城市景观产生了深远影响——公园和绿地面积从 1975 年的 8.8 平方公里增加到 2014 年的 97 平方公里, 公园数量也从 13 个增加到 330 个 [3]。20 世纪 80 年代, 绿化工作有意识地种植五颜六色的鲜花和观叶植物, 并从国外引进适合的新树种, 提高城市绿化的观赏性。1986—2007 年, 新加坡人口从 270 万人增长到 460 万人, 但绿化覆盖率不降反升, 从 35.7% 增加到 46.5% [4]。从 20 世纪 90 年代开始, 绿化工作已经超越了基础建设的概念, 更加注重娱乐性。负责新加坡绿化事业的国家公园局 (National Park Board, 简称 NParks) 开发不同的主题公园为市民提供更多娱乐选择, 公园内设置公共艺术作品向市民普及和传播艺术, 建立连接公园的公园绿道 (Park Connectors), 并建立自然保护区以保护自然遗产。此外, 还推出了清洁和绿色周 (Clean

---

8. 具体内容参见 https://www.pub.gov.sg/savewater/atwork/efficiencymanagercourse。
9. 此前, 新加坡最后一次限量供水演习是在 20 世纪 90 年代。
10. 具体内容参见 https://eresources.nlb.gov.sg/infopedia/articles/SIP_135_2005-02-02.html。

and Green Week）以及社区合作计划 [如锦簇社区计划（Community in Bloom），鼓励居民建立社区花园] 等活动，培育民众的"绿色意识"。

4.2.2　花园城市理念升级

　　2013 年是新加坡推行绿化建设 50 周年。经过半个世纪的建设，绿色已经成为新加坡城市景观最主要的特点（图 4-9）。自然保护区、公园和绿地，再加上广泛的道路绿化和全岛范围的公园绿道网络，新加坡有将近一半的国土面积被绿化覆盖 [5]（图 4-10，图 4-11）。在李光耀提出花园城市理念的 50 年后，新加坡的绿化政策以"花园中的城市"（City in a Garden）作为花园城市建设的下一阶段愿景，旨在不仅将绿化融入建筑环境，还融入新加坡人的日常生活 [11]，绿化建设要增加更多的复杂性。2020 年 3 月新加坡又提出"自然中的城市"（A City in Nature）的目标 [12]。这一新的愿景是建立在新加坡建设成为"花园中的城市"的成就之上，试图进一步将自然融入城市，以加强新加坡作为高度宜居城市的独特性，同时减轻城市化和气候变化所带来的影响。

（1）增加空中绿化

　　空中绿化是新加坡增加城市绿化空间的新举措。虽然屋顶绿化、墙面垂直绿化、非地面层的室外平台绿化，甚至室内绿化不是新的建筑手法，但在新加坡国家图书馆、滨海湾金沙酒店等国家性的标志建筑中越来越多地采用这类新的绿化方式，这表明了新加坡推广空中绿化的决心和趋势（图 4-12—图 4-14）。2009 年都市重建局推出"打造翠绿都市和空中绿意"计划（Landscaping for Urban Spaces and High-Rises，简称 LUSH），并不断优化更新。2009 年的 LUSH 计划要求所有在战略发展区域（如城市中心、滨海湾新区、裕廊湖区和加冷河沿岸）内的新建建筑物都必须满足景观置换绿化面积（Landscape Replacement Areas，简称 LRA）要求，即必须设置与开发项目用地面积相同的空中和地面景观绿化作为替代绿地面积。2014 年更新的 LUSH 2.0 扩大了该计划覆盖范围，并在建筑类型上也进行了扩展。2017 年的 LUSH 3.0 又进一步改良，墙面垂直绿化、大面积无法进入的绿色屋顶以及屋顶城市农场均计入景观置换绿化面积，并出台新的绿化容积率（Green Plot Ratio）标准 [13]——在战略发展区域的开发项目要达到至少 4.0 的绿化容积率，这意味着景观置换绿化面积须达到项目用地面积的 4 倍（图 4-15）。满足 LUSH 计划要求的开发商可以申请 LUSH 基金，也可以得到建筑面积和高度方面的奖励。建屋发展局也一直在有意识地将可持续性设计融入公共住宅建设中。自 2009 年以来，新的公共住宅的多层停车场所有屋顶均要求设置屋顶花园，增加了供居民使用的各种社区绿色空间，同时提高了热舒适性（图 4-16，图 4-17）。2019 年新加坡空中绿化面积约 1 平方公里，计划至 2030 年翻倍[6]。国家公园局正在对植物物种和种植媒介进行研究，使各类空中绿化更易于维护，促进其进一步发展。

（2）拓展休闲功能

随着生活水平的提高，人们对娱乐休闲的理解和期待更加多元化，国家公园局现阶段的一个重要任务就是将打造更多样的公园和休闲设施，如开发主题公园、扩展公园网络和公园绿道、创建主题绿道等。《2003 年公园和水体计划》（The Parks and Waterbodies Plan 2003）扩大了休闲空间，在此基础上，都市重建局于 2008 年提出第一个《休闲计划》（Leisure Plan），充分利用自然资源，在全岛范围内为各个年龄段的人提供全天候、高质量的休闲娱乐选择，如公园绿地、水上运动场所和靠近住区的运动设施等。所有这些都对新加坡的宜居性产生显著的积极影响。

（3）保护生物多样性

新加坡地处印度—马来亚（Indo-Malayan）雨林地带，具备在城市环境中展示该地区丰富的生物多样性的可能。2006 年国家生物多样性中心（National Biodiversity Centre，简称 NBC）成立，是新加坡与生物多样性有关的信息和活动的一站式中心。新加坡与国际机构合作开发了新加坡城市生物多样性指数（Singapore Index on Cities' Biodiversity），这一评估城市生物多样性保护工作的工具在 2010 年被国际社会广泛采纳，是首个衡量城市或地方政府在保护生物多样性所做努力的一种工具，这也标志着新加坡在保护城市生物多样

---

11. 具体内容参见 https://eresources.nlb.gov.sg/history/events/a7fac49f-9c96-4030-8709-ce160c58d15c。
12. 具体内容参见 https://www.mnd.gov.sg/newsroom/speeches/view/speech-by-2m-desmond-lee-at-the-committee-of-supply-debate-2020---transforming-singapore-into-a-city-of-nature。
13. 该绿化容积率主要是针对实施景观置换的开发项目而制定的，计算方法是各类景观置换绿化总面积除以项目用地面积。具体内容参见 https://www.ura.gov.sg/Corporate/Guidelines/Circulars/dc17-06。

图4-9 新加坡特色的城市景观,摄于 2011 年。图片来源:作者拍摄

(a) 位于城市中心的麦里芝水库公园,周边是公共住宅,远处是中央商务区和港口

(b) 麦里芝水库公园内的树顶步道(Tree Top Walk, 2004 年建成开放),背景为公共住宅

(c) 亨德森波浪桥(Henderson Waves)跨越城市道路,连接两个城市公园

(d) 实里达水库和新加坡动物园一带的自然保护区

(e) 临城市中心的园艺公园(Hort Park),背景为办公楼

(f) 盛港新镇的双溪实龙岗公园(Sungei Serangoon Park)里进行的市民义务植树活动

4-9a

4-9b

4-9c

图 4-10 1975 年新加坡河口以
北的城市景观, 滨海湾新区的填
海造地工程正在进行中。图片来
源: URA

图 4-11 滨海湾新区局部(滨海
中心和滨海东)的城市景观, 摄
于 2019 年。图片来源: 作者拍
摄

图 4-12 绿洲酒店(Oasia
Hotel), 建于 2016 年。图片来
源 AGROB BUCHTAL GmbH
Infinitude, Singapore

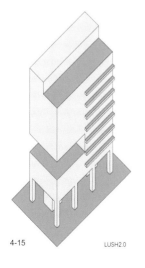 

4-15   LUSH2.0   LUSH3.0

图 4-13　榜鹅新镇的社区中心
综合体 Oasis Terrace, 建成于
2018 年。图片来源: Deoma 12/
Wikimedia Commons

图 4-14　位于纬壹科学城的
Solaris 大楼, 建于 2010 年。图
片来源: 作者拍摄

图 4-15　LUSH 2.0 和 LUSH
3.0 示意图, 图中所有绿色标识
部分均计入景观置换绿化面积。
图片来源: 根据 URA 相关资料
绘制

图 4-16 榜鹅新镇水路山脊公共住宅小区内的多层停车库及立体绿化，摄于 2019 年。图片来源：作者拍摄

图 4-17 金文泰新镇的 Casa Clementi 公共住宅区多层停车库的大型屋顶景观平台。图片来源：Elmich Pte Ltd

性方面的发展和贡献，未来新加坡的城市发展政策和决策中都不会忽略生物多样性问题。

4.2.3 建设世界级花园——滨海湾花园

滨海湾花园（Gardens by the Bay）是对滨海湾新区这一未来城市中心的重要补充[14]。滨海湾花园连同海滨长廊和其他景点为滨海湾新区创造了充满活力的公共空间，展示了新加坡建设世界级花园的雄心。

图 4-18　滨海湾南花园，摄于 2019 年。图片来源：作者拍摄

2012 年竣工开放的滨海湾南花园展现了新加坡在工程、建筑和园艺上的成就，也成为国际园艺艺术的代表。花园种植了除南极洲外各大洲多达 100 多万棵树木和花卉，设有 16 层高的擎天树丛（Supertree）、22 米高的空中走廊和 2 个世界最大的玻璃冷房——花穹（Flower Dome）和云雾森林（Cloud Forest）。这两个玻璃冷房也是在水和能源使用方面实现创造性可持续设计的成果。滨海湾南花园开园至今在国际上建立了很高的知名度，是滨海湾新区的"中央公园"，成为新加坡作为全球商业和金融中心及宜居城市的重要补充，为全球其他城市提供了一个"绿色"范例（图 4-18—图 4-20）。

4.3　整合水和绿的 ABC 水计划

ABC 水计划（Active, Beautiful, Clean Waters Programme）[15] 由新加坡公用事业局于 2006 启动，是综合性的城市环境提升举措，旨在使新加坡的排水渠和水库超越传统的排水和蓄水功能，将它们转变为干净美丽的河流和湖泊，并融入城市整体环境，成为社区活动和市民娱乐的新型城市公共空间的同时增加城市生物多样性。通

---

14. 参见第 6 章相关内容。
15. ABC 水计划在新加坡官方文件中的中文名称是"活力、美丽、清洁全民共享水源计划"。

图 4-19　滨海湾南花园的擎天树丛（景观建筑），摄于 2019 年。图片来源：作者拍摄

过整合环境、水体和社区，公用事业局提升了新加坡人对水资源的管理意识，成为一个成功的关于水资源和自然教育的室外课堂。除了将水景引入城市环境和人们日常生活外，ABC 水计划也与现代城市的雨洪管理密切相关——在降雨过程中，ABC 水计划利用自然生态系统滞留雨水，减少城市排水管渠网络的峰值径流，从而降低城市内的洪涝风险，同时雨水在流经生态系统并最终汇入集水区的过程中水质得到净化。

4.3.1　ABC 水计划的背景和新加坡水资源管理理念的演变

20 世纪末，新加坡在解决了住房危机等一系列民生问题后，政府将城市规划和建设的重心转向塑造城市形象、提高人民生活质量、提升城市的宜居性及环境品质。ABC 水计划的理念正是顺应这个转变逐渐产生并成熟的，它遵循了早期水体和绿化规划用于美化新加坡城市面貌的意图，并充分发挥水体整合入城市空间的发展潜力。水体被视为城市肌理的重要组成部分，在城市空间中创造新的社会、文化和经济价值。

（1）20 世纪快速城市化背景下的雨洪管理理念变化

新加坡早年的排水设施建设主要是应对洪水及与之相关的卫生问题。20 世纪 50 年代随着新加坡的快速城市化，越来越多的天然地表转变为混凝土路面，城市雨水地表径流量也随之增加，低洼地段的洪涝灾害加剧，给排水系统造成极大的压力。减少洪涝灾害与推动城市

图 4-20 滨海湾南花园的云雾森林玻璃冷房内景,摄于 2019 年。
图片来源: 作者拍摄

化成为当时新加坡政府面临的双重挑战。20 世纪 70 年代中期, 环境部 (2004 年改名为"环境与水资源部") 与都市重建局、裕廊集团、建屋发展局等相关部门合作推出排水系统总体规划, 由环境部下设的排水部门实施全岛排水系统的新布局, 即在建设新镇前优先规划排水系统, 并在排水渠旁预留足够的用地以便未来扩容。这一时期都是通过建设混凝土排水渠来引导水量在降雨期间快速排出。

20 世纪 80 年代, 随着经济繁荣和社会生活条件改善, 政府治理水道的方法开始发生转变——认识到水体应超越功能层面成为市民人人都能享受的环境资源, 积极把绿化和水体规划整合入城市建成环境。排水渠旁预留的扩展用地成功开发为公园绿道, 也激发了规划师用更积极的方式来利用这些排水系统。1989 年, 都市重建局提出重新规划水道 (河流及排水渠) 的计划, 希望将更多水景融入城市空间, 并成立水体设计委员会 (Waterbodies Design Panel) 作为政府内部的顾问机构, 就主要水道的设计和美化提出建议 [7][8]。水体设计委员会由多位公共部门和私营机构的代表组成, 通过一些精心挑选的示范项目来展示在城市设计中融合水景的多部门整合的设计方法。如 20 世纪 90 年代初, 高楼林立的巴西立新镇 (Pasir Ris Town) 公共住宅区内的阿比阿比河 (Sungei Api Api) 经过改造, 一改以往典型的混凝土排水渠的生硬外观, 成为穿越红树林、岸线柔美的河道。阿比阿比河道美化工程因用地超出原排水渠扩展用地界限, 促成建屋发展局介入项目, 并一同克服项目发展过程中的管理部门壁垒, 达成多部门共同合作。阿比阿比河道两侧的预留扩展用地得以重新功能分区, 使河道两侧景观设施的建设成为可能。项目的成功也进一步证明了土地使用政策保持灵活的必要性。

《1991年概念规划》进一步体现了在城市规划中融合水体规划的愿景，尤其是概念规划里提出的《绿化和水体规划》（Green and Blue Plan）专项内容更加注重人与自然的联系以及城市的娱乐性，提出创造性地利用现有土地资源提高城市的生活与环境品质，并充分发挥公园绿道的潜力，将海滨、公园与城市连接起来，在全岛范围形成娱乐休闲的路网系统，创造一个自然、水体与城市发展完美交织的美丽城市。20世纪90年代初期也正是一些既有公共住宅区亟待升级的时期，水道美化运动正好应对了这一系列需求，不仅成为旧公共住宅区升级工作的一部分，也成为未来新镇建设必不可少的内容之一。水体设计委员会水道美化运动不再像之前的水体管治仅局限于中心区域的新加坡河沿岸，而主要在住宅密集的新镇中开展，为更多新加坡人提供了享受和亲近水体的机会。

然而由于当时水资源管理隶属多个不同的机构，缺乏统一的管理框架，使得水体设计委员会的计划无法实际有效地转化为长期规划。1997年的亚洲金融危机导致新加坡水道美化运动停滞数年，水体设计委员会于2000年5月解散，《1991年概念规划》的愿景并没有完全得以实现[8]。但水体设计委员会的试点项目展示了水体在新镇公共住宅区改造更新中的潜力，为今后的ABC水计划提供了很好的借鉴。

（2）21世纪水资源管理的整体性、可持续性和公众参与

21世纪初，一系列机构重组带来的制度和政策变化为ABC水计划铺平道路。2001年，公用事业局从新加坡贸易与工业部分离出来，与排水排污部门（Sewerage and Drainage Departments）合并，成为新加坡全面负责水资源收集、净化、供应和污水回收处理的唯一机构。公用事业局的成立简化了水资源之前所涉及的不同管理部门的管理流程，成为新加坡水资源管理的里程碑。

随着新加坡不断扩大城市区域集水区面积以增大供水能力，同时预见到城市中心的滨海水库等新建水库无法做到像自然保护区内的水库一样与人隔绝，公用事业局扭转以往对水源地实施保护隔离、要求人们远离的保护主义心态，以积极的态度应对挑战。吸引公众参与并培养大众的水意识成为21世纪初公用事业局管理水资源的新思路。随着2003年出台《公园和水体计划》并推出新生水，公用事业局越来关注社区支持、公共教育和公众参与，通过吸引更多普通市民亲近水体使之珍惜水源进而达到保持水资源的可持续性。同时 21 世纪初新加坡国力增强，城市基础设施升级改造的时机也已经成熟，2006 年，公用事业局创新性地提出 ABC 水计划。与之前水体设计委员会倡导的水道美化运动只在微观层面及少数试点区域的实施不同，ABC 水计划成为国家长期规划的一部分，并在全国范围内开展。

4.3.2 ABC 水计划的技术逻辑和项目特点

传统的雨洪管理是利用排水管渠网络和水道将暴雨径流迅速排放到周边河流或大海中，随着城市化的迅速发展和全球气候变化，城市的地表径流水量不断增加，排水管渠也需要不断地扩容。由于新加坡三分之二的国土面积都是集水区，因此收集并改善集水区的地表水质对确保水资源清洁而言至关重要。意识到无法无限制地扩容排水管渠，而城市化区域不渗透的屋顶和路面增加了雨量流失，公用事业局采用"源头"解决法，在雨水流失的源头采取措施。规划师、建筑师、景观设计师等工程师团队在城市化区域设置集中式雨水滞留罐、雨水花园，在建筑上增加屋顶绿化和垂直绿化，在城市道路设计上结合生物滞留洼地，或者建造人工湿地等，以多种手段在降雨时暂时滞留雨水，减少雨洪径流的峰值，同时滞留的雨水流经场地植被的自然生态系统后移除污染物，水质得到改善净化。整个系统不需太多维护且可以自我维持，不仅把承担传统功能性排水的排水渠通过设计与周围整体环境融合，将雨水滞留和净化后引流入美丽和干净的溪流、河流与湖泊，同时整合了绿色环境、水体和社区，为社交提供新空间并增加城市的生物多样性。作为一个实施计划，ABC 水计划的整合特征突出，且实施过程中采用市民、公共部门和私营机构合作的 3P 模式（People-Public-Private）。

整体性体现在土地使用和多部门多机构合作上。突破土地使用的物理管理边界，整体利用土地创造市民的娱乐休闲空间是实现 ABC 水计划的基本条件。ABC 水计划打破了土地利用规划的传统方式，之前规划为绿地、住宅和水系等不同用地的功能限制得以解放，土地整合起来整体规划，鼓励各类土地、基础设施与绿色和水体空间相结合，最大限度地释放排水渠及其沿线土地价值。

3P 模式是确保 ABC 水计划成功实施的重要因素。意识到项目将涉及多个利益相关方，公用事业局在 2005 年设立专门团队来应对即将面临的沟通问题，进而发展出 3P 模式。整合土地利用就是各个公共部门之间打破管理界限达成共识的成果。ABC 水计划得到了充分的政治支持，确保该计划在内阁得到批准并获得财政部资助。为确保 ABC 水计划的实施，公用事业局的内部机构工作委员会（Inter-Agency Working Committee）每月举行例会向各利益相关方解释 ABC 水计划，并讨论解决思路。促使议会、公用事业局、国家公园局和建屋发展局等多个公共部门达成共识，并在未来的开发项目里引入 ABC 水计划的设计理念。公用事业局时任首席执行官邱鼎财（Khoo Teng Chye）利用之前担任都市重建局首席执行官和首席规划师（1992—1996 年）以及水体设计委员会创立人的经验，确保参与 ABC 水计划的工程师透彻理解水体和土地整合设计的潜力和价值，使 ABC 水计划不再局限于城市美化运动。从制定策略的领导层到具体操作层，ABC 水计划理念得到了理解、贯彻和支持，成为新加坡迈向水资源可持续管理和发展的重要举措。

没有市民和社区的支持，ABC 水计划也是不可能实现的。2007 年公用事业局通过 6 天的公开展览向市民宣传 ABC 水计划理念，并推出相关的杂志和电视节目进行推广。根据不同场合定制的公关活动得到了一定的关注度，但如果项目不能为市民的日常生活带来积极影响，也会最终沦落为华而不实的工程。随着之后的一系列 ABC 水计划试点工程创造了美丽的城市生活环境和全新的社交、休闲空间，试点项目周边的地产价值得以提升，ABC 水计划在项目推广上获得了越来越多的公众支持。公用事业局也积极促进更多的市民和社区组织参与 ABC 水计划，如鼓励学校根据 ABC 水计划开发教育课程，让孩子学习水源知识；鼓励基层组织和社区团体在 ABC 水计划基地开展各式各样的活动，使更多的市民能够亲近水体，培育主人翁意识从而更珍惜水资源，保持水体清洁。

3P 模式也积极鼓励私营机构参与。公用事业局与私营技术企业和开发商合作进行 ABC 水计划项目的设计、融资、建设和运营，利用私营机构的专业知识共同发展 ABC 水计划。得益于 ABC 水计划的高水平推广，私营开发商都表现出极大的兴趣和信心。2009 年，公用事业局制定《ABC 水计划设计导则》（ABC Waters Design Guidelines），为私营开发商和专业人士提供设计参考。这也是公用事业局鼓励私营机构和公共部门合作，共同致力于可持续水资源管理的愿景。

2010年，公用事业局推出了 ABC 水计划认证项目（ABC Waters Certification），用于表彰在开发项目里使用 ABC 水计划理念和设计方法的公共部门和私营开发商，通过认证的项目可以使用 ABC 的标识进行宣传，证书 3 年有效，这一荣誉和专业的肯定增加了项目的社会价值。从 2010—2018 年，共有 75 个公共和私营项目获得认证。2017 年推出 ABC 水计划金奖（ABC Waters Certified Gold），成为 ABC 水计划项目的最高荣誉。随着 ABC 水计划项目数量的不断增加，新加坡对具备适当资质并能承担 ABC 水计划项目设计的专业人员的需求也在不断增加。2013 年公用事业局联合工程、建筑、景观等多个专业学会推出 ABC 水计划专业人员认证项目（ABC Waters Professional Programme），让训练有素的人才参与到 ABC 水计划以保障和提高项目质量，同时也成为公用事业局对 ABC 水计划的一种新的监督管理方式。

4.3.3 代表性案例

ABC 水计划是一个覆盖新加坡全域的系统性项目，包含总体规划和不同类型的具体子项目组成。2006 年提出的总体规划将新加坡分为西部、中部和东部 3 个集水区，每个集水区有一个设计顾问公司全面负责 ABC 水计划的设计实施。总体规划确定了未来 20—30 年近 100 处开发点[7]，涵盖了新加坡主要的水网和集水区，将美化提升 14 个水库和 32 条河流的大部分河段[9]，前期主要集中在勿洛水库（Bedok Reservoir）、麦里芝水库（MacRitchier Reservoir）以及加冷河（Kallang River）沿哥南亚逸（Kolam Ayer）段开展试点项目，后期将扩展至班丹水库（Pandan Reservoir）、榜鹅河（Sungei Punggol）等水体。至 2017 年，新加坡已实施完成 36 个 ABC 水计划项目。以下是两个有代表性的、属于不同类型的建成项目。

（1）碧山—宏茂桥公园及加冷河景观复兴工程

公用事业局与建屋发展局、国家公园局最早在公共住宅区大规模实践 ABC 水计划设计理念，碧山—宏茂桥公园及加冷河景观复兴工程（Kallang River @ Bishan-Ang Mo Kio Park）就是其旗舰项目。碧山—宏茂桥公园是 1998 年建于碧山和宏茂桥新镇之间的开放绿地，周边被高密度的公共住宅环绕，公园一侧有长 2.7 公里的加冷河混凝土排水渠（图 4-21）。2009 年公园升级优化时决定采用 ABC 水计划

4-21

4-22

4-23a

4-23b

设计理念，创造水体和绿化网络相织的全新社区空间。建设过程中公用事业局和国家公园局达成共识一起合作，委托德国的安博戴河道景观公司（Ramboll Studio Dreiseitl）进行设计，将现存的混凝土排水渠改造为 3.2 公里长的自然蜿蜒的河道，并结合河道周边的绿化和娱乐设施将 63 公顷的土地重新改造成高质量的亲水休闲环境。2012年成功改造开放后的碧山—宏茂桥公园成为充满活力的社区空间，增加了野餐和运动空间，市民可以下到河道里玩水，同时还增加了生物多样性（图 4-22，图 4-23）。在暴雨情况下，水位缓慢上涨，河岸沿线土地起到储存雨水、减缓雨水流失的作用。项目获得包括 2012 世界建筑节年度景观奖（2012 WAF Landscape of the Year）、美国风景园林师协会 2016 年度专业奖（2016 ASLA Professional Award）在内的多个奖项，更重要的是展示了通过各个机构——公共部门和私营机构以及市民参与，包容性地合作创造整体化的可持续城市景观的成功范例，显示了新加坡城市环境未来的可持续发展方向。

项目的主要技术特点有：①大范围利用土壤生物工程技术（Soil Bioengineering Techniques），对河岸进行生态修复，将植被和岩石等天然材料和工程技术相结合，稳定河岸防止水土流失，通过美学和生态考量将生硬的混凝土排水渠改造成拥有景观河岸的天然河流。这是第一次在新加坡城市化区域应用土壤生物工程技术，为确保技术可行，早期还特地搭建测试平台来检测多种生态工法，评估在热带气候下各种技术和植物的适应性能。②将生态净化群落（Cleansing Biotope）分布在公园上游 4 个不同高差的 15 个种植区内，利用水泵将水泵入生态净化群落，清洁净化后回流至河道，其中一部分净化水还要再经过紫外线消毒处理供应给公园里的水上游乐场。生态净化群落里的植物也起到进一步美化公园环境和增加公园生物多样性的作用。③设置绿色屋顶和植被洼地（Green Roofs and Vegetated Swales），包括在公园构筑物上设置绿色屋顶和在部分原排水渠位置设植被洼地，使雨水径流在汇入河道之前得到渗透、滞留和清洁。

（2）榜鹅水路山脊住宅项目

榜鹅水路山脊住宅项目（Waterway Ridges）位于榜鹅新镇的东部，是公用事业局与建屋发展局合作推出的首个整合 ABC 水计划设计理念的公共住宅区项目，探索了公共住宅区内以整合方式实施 ABC 水计划的有效性和可行性。水路山脊住宅项目由 7 座 6—18 层高度不同

图 4-21 2012 年碧山—宏茂桥公园内的排水渠（景观复兴工程之前）。图片来源：Atelierdreiseitl/Wikimedia Commons

图 4-22 碧山—宏茂桥公园及加冷河景观复兴工程总平面示意图。图片来源：作者自绘，底图为航拍图

图 4-23 碧山—宏茂桥公园及加冷河景观复兴工程完成后的景观，摄于 2012 年。图片来源：作者拍摄

图 4-24 榜鹅新镇的水路山脊
公共住宅区沿河道景观, 摄于
2019 年。图片来源: 作者拍摄
图 4-25 水路山脊住宅区内
草坪式的生物滞留洼地, 摄于
2019 年。图片来源: 作者拍摄

的公共住宅组成, 住区景观利用雨水花园积水造景, 创造亲水型的环
境友好住区, 水体与景观、住宅融为一体, 获得 2016 年建屋发展局设
计奖（HDB Design Award 2016）（图 4-24）。住区的屋顶、道路、
游乐场和绿地内设置的雨水花园、生物滞留系统和植被浅沟让水在从
地表流入排水道前先在花园和草地里形成沿水景观, 收集的滞留雨水
也在流经植被的过程中, 将其中所含的沉积物、营养物质以及其他杂
质进行过滤, 净化后的雨水通过榜鹅水道汇入水库。通过实施 ABC

图 4-26　水路山脊住宅区内与绿化景观融合的生物滞留洼地，摄于 2019 年。图片来源：作者拍摄

图 4-27　水路山脊住宅区内与绿化景观结合的植被浅沟，摄于 2019 年。图片来源：作者拍摄

水计划设计方法，这一区域内 70% 的雨水径流得到滞留和净化，并能应对 10 年一遇的洪水。除了增加该地区的生物多样性，草坪式的生物滞留洼地可以在不下雨的日子里满足市民的娱乐休闲需求（图 4-25，图 4-26）。项目的主要技术特点有：① 生物滞留系统是该区自然排水系统的重要组成部分，可以滞留和净化频繁暴雨的径流；②利用植被浅沟取代混凝土排水沟，促进雨水的滞留、渗透和清洁（图 4-27）；③基本保持土地开发前的基地水文特点。

ABC 水计划在新加坡全域实现自然、人和社区的整合，对于进一步提升水体和绿化的规划理念，推广可持续的城市雨洪管理计划起到重要作用，也成为新加坡城市设计的新品牌。从过去十余年的发展过程来看，ABC 水计划的发展离不开强烈的政治意愿、完整的项目架构以及当地社区和市民的积极参与等多方面因素，已实施的具体项目效果显著，成为新加坡提升城市基础设施、环境资源能力和城市品质的重要手段。

4.4 政府部门在水资源和绿化管理中的重要作用

4.4.1 两个重要机构——负责水资源的公用事业局和负责绿化的国家公园局

新加坡环境和水资源部下属的公用事业局全面负责水资源收集、净化、供应和污水回收处理，保障新加坡工业和经济发展及生活用水安全。这种全方位管理饮用水、循环水和地表水的政府部门在全球范围为数不多。作为新加坡法定机构，公用事业局兼具政府管理职能和企业化的经营方式，将商业推广、公民教育、科技创新和企业孵化等不同方面有效整合，长期坚持研发更低成本、更高效安全的淡水生产方式。公用事业局的职责主要有三个方面：制定水策略[16]、水资源技术创新和市场化[17]、培养人才[18]。国家公园局负责新加坡城市绿化，建设花园城市。新加坡的树木和公园系统由国家公园局统一管理，随着绿色空间的不断建设发展，保护自然和生物多样性成为新目标。国家公园局的职责也主要包括三个方面：制定政策和法规[19]、利用先进手段进行树木管理[20]、培养人才[21]。

4.4.2 长期规划引导和控制

虽然新加坡的发展一直受制于有限的自然资源，但在经济增长的同时，并没有牺牲环境和生活质量。长期以来对于水资源和绿化的规划一直是多部门达成共识，协同合作共同编制，尤其是都市重建局、公用事业局、国家公园局和建屋发展局几个部门密切合作，共同编制关于水和绿的综合规划。在土地利用规划里注重土地使用的污染控制和绿色空间的预留和保护，采用经济和环境平衡的发展模式，而不是先发展后治理模式。随着新加坡的快速发展，城市绿化覆盖率也保持同步增长，从建国之初只有三个位于自然保护区内的水库到三分之二的国土面积都已成为集水区，水资源从完全依赖进口到能够自给自足，这些成就都与长期的规划引导和控制紧密相关[22]。

4.4.3　法律监管

新加坡对水资源和绿化的保护都颁布了相关法律，并伴随时代变化做相应修改和完善，形成有效的制裁体系，针对破坏水源、绿化和环境的行为给予经济处罚乃至监禁等制裁。同时监管和治理分开，环保监管部门自身不参与环保治理相关的业务，而是责成第三方有资质的环境技术公司在大众监督和政府监管下承接相关任务，解决问题。

监管机构长年持续的细致监察以及严格处罚，尤其是针对一些常见的不文明行为的处罚对企业和个人起到了很好的警示和震慑作用。如国家环境局（National Environment Agency，简称 NEA）从2014 年 4 月针对乱扔垃圾的行为提高罚款额度，乱扔垃圾的个人第一次被定罪最高罚款 2000 新元，第二次提高至 4000 新元，第三次及之后的罚款高达 1 万新元。法院还强制违法者参加社区服务，在公共区域清理卫生累计 12 小时[23]。到了伊蚊繁殖季节，为防止骨痛热症

---

16. 新加坡水资源管理成功之道得益于三个重要的水策略——收集并善用每一滴水、水回收利用最大化以及海水淡化。
17. 新加坡政府投入大笔基金资助水资源技术的研发和创新，但所有的技术创新以商业应用为最终目标。公用事业局与全球范围先进机构合作，收集新理念和新技术，加速研发及商业化应用进程，使新加坡水资源技术创新一直处于前沿。新加坡已成为水资源领域全球测试平台和示范场地，为新技术提供在实际操作环境中测试的设备和场地，目前新加坡有超过 30 个测试平台，几乎涵盖水循环的所有环节。这些测试平台为全球水资源行业的研究机构和研究者带来了实际的好处，通过分担成本和风险，新加坡能及时获得买入或合作开发新技术的机会，成为前沿技术的早期应用者。此外，政府还设立将研究成果推向市场的成果转化机构，促进将新技术成果与产业界资源对接。截至 2019 年已有两个发挥学术研究领域与产业界之间桥梁作用的成果转化机构——分离技术应用研发和转化中心（Separation Technologies Applied Research and Translation Centre）和义安理工学院环境与水技术创新中心（Environmental and Water Technology Centre of Innovation, Ngee Ann Polytechnic）。
18. 新加坡水务学院（Singapore Water Academy）为全球水资源行业的专业人才提供培训，应对未来水资源供应受全球气候变化所面临的挑战。此外，新加坡政府支持与境外研究机构和大学合作建立水资源领域的研究中心，如新加坡国立大学、新加坡公用事业局与荷兰三角洲研究院（Deltares Institute）合作的新加坡代尔夫特联合水研究中心（Singapore Delft Water Alliance）。
19. 新加坡 1975 年颁布《公园和树木法》，至今仍在不断修订完善，对保护国家公园、自然保护区和建设城市绿化等方面提出明确规定，通过惩戒条例督促政府部门、私人机构和全民遵守。
20. 国家公园局建立了亚洲最大的树地图——以交互式地图收录全岛 50 多万棵树木的详细状况，包括位置、树种、物理状况、二氧化碳吸收率、定期修剪时间，以及树冠、树叶、花和果实的相关图片介绍。这一地图除了管理作用外，鼓励市民了解本地树木，还进一步引导市民关注新加坡环境保护问题。此外，国家公园局对树木维护注重采用先进技术手段，如利用断层扫描和阻力仪等技术手段对发生问题的树木进行检测。
21. 国家公园局 2007 年成立的城市绿化与生态中心（The Centre for Urban Greenery and Ecology）是国家级的各级景观人才的一站式培训中心。2010 年设立树木栽培领域的劳动力技能资格认证，学习欧美国家经验，提高从业人员的专业技能。
22. 除了前文介绍的一系列规划和行动计划外，管理部门还不断推出其他促进举措。国家公园局联合新加坡建筑师协会于 2008 年出台"空中绿化奖"（Skyrise Greenery Award），表彰在高层建筑中促进空中绿化的业主、设计师和管理团队，2013 年国家公园局又出台景观卓越评估框架认证计划（Landscape Excellence Assessment Framework，简称 LEAF），表彰在项目初始就融入景观设计的开发商。这些激励举措大大促进了新加坡景观绿化设计水平的提高，也吸引越来越多的开发商为建筑项目打造更多绿色空间。
23. 具体内容参见 https://www.straitstimes.com/singapore/courts-crime/number-of-littering-fines-at-6-year-high。

（Dengue Fever）的传播，国家环境局会派专员进入居民家中检查花盆、厕所、厨房等处是否有积水，是否喷洒驱蚊剂等确保家中没有蚊虫滋生，查到蚊虫滋生点罚款 200 新元。如果查出建筑工地有蚊虫隐患，会给这些工地发出停工令，严重情况会直接控上法庭[24]。如果未经书面许可将污水、废物等排放到公共下水道，一经定罪最高罚款 2 万新元[25]。为确保摊贩中心的环境卫生，摊贩中心按规定每一季度都要关闭一次进行清洁，其中有一季的清洁属于大扫除。清洁和大扫除的日期由各摊贩商联会与摊贩们共同商定。如果触犯《公园和树木法》，砍掉整棵树者将被罚款 5000 新元，而摘树叶则可能被罚款 2000 新元。对采摘叶子的行为处以高额罚款是为了对这种破坏绿化的常见行为起到遏制作用[26]。除了处罚外，相关部门以多种公共教育的宣传方式鼓励人们养成保持清洁卫生的好习惯。同时政府提供多类的奖励或减税方法，表彰那些积极为水资源和绿化作出贡献的市民和企业。

经济和社会发展促使人们对城市生活的环境质量提出更高要求，新加坡 21 世纪城市发展战略顺应了人们对更高品质宜居性以及新加坡城市独特性的要求，确保水资源充分自给，并通过开辟更多的公园和滨水区、创建公园绿道和空中花园等多种举措进一步实现水与绿交织、土地利用高效且人与自然融合的花园城市。

主要参考文献

[1] TAN Y S, LEE T J, KAREAN T. Clean, green and blue: Singapore's journey towards environmental and water sustainability. Singapore: Institute of Southeast Asian Studies, 2008.

[2] Public Utilities Board. Singapore water story. [2020-09-08]. https://www.pub.gov.sg/watersupply/singaporewaterstory.

[3] National Parks Board. National parks board annual report 2013/2014. [2020-09-08]. https://www.nparks.gov.sg/about-us/annual-reports/. (pp. 48–49).

---

24. 具体内容参见 https://www.zaobao.com.sg/realtime/singapore/story20160913-665831。
25. 具体内容（《排污和排水法》相关内容）参见 https://sso.agc.gov.sg/Act/SDA1999。
26. 具体内容参见 https://www.zaobao.com.sg/znews/singapore/story20180130-831095。

[4] National Park Board. Conserving our biodiversity: Singapore's national biodiversity strategy and action plan, ADDENDUM. Singapore: National Park Board, 2019.

[5] Inter-Ministerial Committee on Sustainable Development. A lively and liveable Singapore: strategies for sustainable growth. Singapore: Ministry of the Environment and Water Resources and Ministry of National Development, 2009: 29.

[6] National Park Board. Gardens in the sky.[2020-09-09]. https://www.nparks.gov.sg/skyrisegreenery.

[7] Centre for Livable Cities. The active, beautiful, clean waters programme: water as an environmental asset. Singapore: Centre for Livable Cities, Urban Systems Studies Books, 2017: 1-93.

[8] KHOO T C. Stormwater management: city of gardens and water. Centre for Livable Cities, Urban Solutions Series, 2016(08): 54-63.

[9] Public Utilities Board. ABC waters certified projects 2010-2018. 3rd ed. Singapore: Public Utilities Board, 2018: 28.

[10] TORTAJADA C, JOSHI Y K, BISWAS A K.The Singapore water story: sustainable development in an urban city state. New York: Routledge, 2013.

[11] Public Utilities Board. ABC waters design guidelines. 3rd ed. Singapore: Public Utilities Board, 2014.

[12] TAN Y S. 50 Years of environment: Singapore's journey towards environmental sustainability. Singapore: World Scientific Publishing, 2015.

第 5 章　陆路交通管理

沙永杰　纪雁　陈琬婷

新加坡国土面积小，在陆路交通方面，通常被认为是容易管理的。在新加坡建国之初，甚至在从第三世界到第一世界国家的快速崛起过程中（从建国到 20 世纪 90 年代前期），城市交通与国防、产业和公共住宅等其他方面的问题相比，确实不是非常紧迫，当前执行全岛陆路交通管理的政府部门——陆路交通管理局（Land Transport Authority，简称 LTA）[1] 建立的时间也比较晚。但从 20 世纪 90 年代起，随着新加坡不断向更高目标规划和发展，尤其是近年来随着产业转型、移民增加、老龄化、国民要求不断提高、国际化新趋势等重要因素的影响，新加坡陆路交通的战略意义和重要性越来越凸显，已经成为关乎新加坡全岛未来发展水平的最重要因素之一，交通管理和土地利用、新镇开发、产业园区转型升级、城市环境品质提升等方面的规划整合程度也越来越高，甚至可以说是这些相关方面未来发展的整合性因素。

5.1　综合规划——土地利用、新镇规划和交通规划高度整合

新加坡通过填海造地扩展国土基本达到极限，现状交通用地占全岛总面积的 12%，相比于住宅用地（占总面积 14%），这个比例已经相当高。由于土地资源的限制，新加坡在目前的用地规划基础上再追加交通用地的余地已几乎不存在，而要保持"花园城市"的特色并满足不断增加的交通需求量和出行便利与舒适度的要求，通过高度整合的综合规划来实现土地的高效复合利用和建设综合性的陆路交通网络成为新加坡政府解决交通问题的基本原则。这种综合规划必须做到各个相关方面的高度整合，是通过几个重要政府管理部门的高度协作实现的，其中最主要的是都市重建局、建屋发展局和陆路交通管理局三个管理部门之间的配合。三个部门通过协作形成了一套合理的城市"组织"策略，将土地利用、新镇规划和交通规划，甚至公园绿地规划等方面高度整合，在各个尺度上——宏观的城市层面（全岛范围）、中观的新镇层面、微观的城市细节层面，使整个城市范围内的居住与工作（或上学）等日常生活内容达到一种平衡状态。

---

1. 新加坡陆路交通管理局成立于 1995 年 9 月 1 日，是将以往四个政府管理部门或国有公司——车辆注册部（Registry of Vehicles）、大众捷运公司（Mass Rapid Transit Corporation）、公共工程局的道路和交通部（Roads & Transportation Division of the Public Works Department），以及交通部的陆路交通司（Land Transportation Division of the Ministry of Communication）合并后成立的。

这种经过各方面整合或综合规划的平衡状态主要体现在: ①中央商务区增加住宅和公共服务设施等复合功能, 减少高峰时段的交通流量; ②打造"城市副中心", 即区域中心, 打破单中心对未来发展潜力的制约。新加坡在大力提升轨道交通网运力的同时, 积极推动传统产业用地转型, 将轨道交通向西向北延伸至马来西亚, 服务每天跨国通勤的工作人群, 在东端依托机场布局大型综合功能开发项目和针对日益增多的国际访客的超大购物中心。未来新加坡总体布局中将出现西端、北端和东端三个门户位置上的"副中心", 这将对全岛范围产业和就业分布、交通布局、境外衔接能力、人口承载能力、促进投资和城市更新产生极其重要的作用; ③新加坡新镇布局模式历经半个世纪的实践和修改, 已经相当完善。通常每个新镇边界比较明确, 新镇范围内建设密度较高, 住宅标准和公共设施配套方面的标准相当均衡, 形成基本自给自足的社区环境, 最大限度降低日常生活对交通工具的依赖。新镇周边有快速路和绿地与其他新镇相对分隔, 新镇通过快速路、轨道交通和公共汽车与城市其他区域联系 (图 5-1)。轨道交通站点和公共汽车换乘枢纽往往布置在镇中心位置, 并与新镇居民使用频度最高的娱乐休闲公共建筑以及商业综合体整合在一起, 居民通过公共交通可达性最强的镇中心实现高效出行, 在硬件上保障了居民出行考虑公共交通优先的常态; ④在目前城市发展新趋势下, 新加坡新镇开发建设不仅要提供公共住宅和公共服务设施, 也需要最大限度地创造就业机会, 每个新镇边缘都有一定比例的轻工业产业用地, 如勿洛新镇 (Bedok New Town) 的轻工业厂区, 这一规划举措的意图是在新镇层面提供就近就业机会, 以此减少全市范围内的交通量。

土地利用与新镇发展规划整合, 或者说合理地与居民日常生活模式相匹配, 辅以公共交通系统建设, 形成了一个不同层级的工作、居住和休闲娱乐等方面充分整合的网络, 这为新加坡人感受到日常生活便利提供了重要的物质基础, 也为开展社区凝聚力建设等软件方面的工作创造了前提, 同时也有效解决了城市交通拥堵, 形成以公共交通为绝对主导的发展格局。

5.2 公共交通主导——轨道交通和公共汽车联动发展

新加坡的城市交通以公共交通为主, 2013 年公共交通承担了早高峰 63% 的运量，而且这一数字近年持续提高，2017 年已承担早高峰 67% 的运量 [2]。20 世纪七八十年代，新加坡政府历经十几年反复研究论证，确立了由轨道交通和公共汽车相结合的综合公共交通系统的发展方向，并在 1996 年发布的《白皮书：世界级的陆路交通系统》(White Paper: A World Class Transport System) 里明确了以公共交通为主导的新加坡陆路交通发展方向和目标 [1]。

5.2.1　公共交通发展规划

新加坡公共交通的发展得益于具有前瞻性和可操作性的规划，并能适应变化及时调整，1996 年、2008 年、2013 年陆续颁布的交通规划体现了面对发展需求而务实应变的能力。1996 年的白皮书为新加坡公共交通的发展奠定了坚实的基础，明确从土地和交通一体化规划、最大化利用道路路网、交通需求管理和公共交通服务质量四个关键点着力，用 10—15 年时间形成完善的陆路交通系统。

新加坡 2008 年颁布的《2008 年陆路交通总体规划》(The Land Transport Master Plan, A People-Centred Land Transport System) 对 1996 年的白皮书进行评估总结与深化，应对当时公共交通早高峰运能下降 [3] 和交通需求多样化等挑战，提出了通过优先发展公共交通、有效管理道路使用和满足多种交通需求来打造以人为本的陆路交通。由于新加坡的快速发展，人民对出行质量的要求不断提升，同时因追求更大的经济体量和更多人口而产生的对更大交通量的需求，以及更严格的土地利用制约，迫使政府在 2008 年规划颁布 5 年后重新审视并颁布《2013 年陆路交通总体规划》(Land Transport Master Plan 2013)，再一次强调了公共交通主导、改善体验及多管齐下的交通发展理念与政策方向。

《2013 年陆路交通总体规划》顺应时代新挑战，围绕 2008 年规划提出的三个主题进行提升：①提供更完善的交通网络——以地铁作为公共交通的主体，在此基础上提供更多的连接，促进公共交通、步行以及自行车线路共同发展；②提供更好的交通服务——提供更可靠的公共交通，提供多样化的灵活出行计划；③建设更宜居和包容的社

---

2. 参 见 https://www.lta.gov.sg/content/ltagov/en/newsroom/2018/8/2/public-consultations-commence-for-the-next-land-transport-master-plan.html。
3. 从 1997 年 的 67% 下 降 到 2008 年 的 59%，具 体 内 容 参 见 https://www.straitstimes.com/singapore/transport/peak-hour-public-transport-mode-share-back-up。
4. 具体内容参见 https://www.lta.gov.sg/content/ltagov/en/who_we_are/our_work/land_transport_master_plan_2040.html。

会——公共交通服务所有市民，确保减少交通网络对自然和人居环境的影响，推动整个系统高效运转。这轮规划提出了对未来20年的交通展望，到2030年，80%的居民居住在距离地铁站10分钟的步行范围内，85%少于20公里的公共交通行程将在60分钟内完成搭乘，公共交通将承担新加坡早晚高峰总运量的75%。

2019年，陆路交通管理局颁布《陆路交通总体规划2040》（Land Transport Master Plan 2040）[4]。与前两个侧重于基础设施建设的交通总体规划相比，新版规划注重填补"缺口"——关注连接公共交

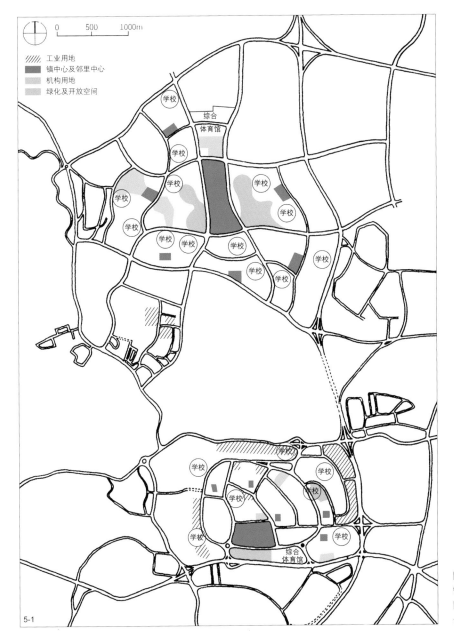

图5-1 宏茂桥新镇和大巴窑新镇示意图，两个新镇相对独立。图片来源：根据HDB1975年公布的资料绘制

通车站和公共服务设施的"首尾一公里"[5]，提倡"走、骑、乘"（Walk Cycle Ride）组合的出行方式，打造"20分钟市镇"（20-Minute Town）和"45分钟城市"（45-Minute City）[6]。同时，随着新加坡老龄人口持续增加，公共交通要更具包容性，满足所有居民，特别是老人、残障人士和带小孩乘客的需求，提倡共享交通，实现健康生活和安全出行。

5.2.2　公共交通运营机制和主要特点

目前新加坡的公共交通系统由地铁（Mass Rapid Transit，简称MRT）、轻轨（Light Rail Transit，简称LRT）和公共汽车三部分组成，地铁为主，其他两部分为辅（图5-2）。城市地铁系统是新加坡公共交通系统的主体，承载了各主要区域间交通的大部分客流，确保了城市交通的高效和稳定；新加坡的轻轨系统实质上是城市地铁系统在新镇层面的局部分支，用于离城市中心较远、面积较大且人口密度较高的少数新镇，在新镇范围内形成封闭环路，实现新镇内各个区域与经过该新镇的地铁站的接驳（可以说新加坡的轻轨是地铁系统的局部辅助手段）；公共汽车系统主要承担相对近距离的区域内部和相邻区域的交通，使公共交通延伸至城市的各个角落。因新加坡政府严格限制私家车总量，大部分新加坡人很难拥有私家车，在这种情况下，出租车也是新加坡城市交通的一个重要补充内容。

（1）政府建设，公司运营

新加坡地铁是政府建设，交由独立的政联公司（Government-linked Company）[7]运营。新加坡政府拥有地铁资产的所有权，负责建设地铁的基础设施，提供地铁车厢及信号系统等经营性资产，全面主导投资、扩容、更换和升级，同时制定更严格的运营规则确保地铁的运营、安全和维护标准，对不达标的业者进行罚款，具有强有力的监管能力。为使地铁运营行业更具竞争力，政府刻意控制地铁运营商招标周期，经营牌照期限从最初的30年缩短到15年[2]。现在新加坡地铁的主要经营权属于新加坡地铁有限公司（SMRT Corporation Ltd，简称SMRT）[8]，每年向政府支付牌照费。运营商按照签订的运营协议提供优质高效、合理票价的运营服务，并进行设备的维护和保养。

政府主导的融资模式保障了地铁作为公共交通的低票价的福利特征，而市场化运作的定位带来了精心的商业管理，除票价收入外，新

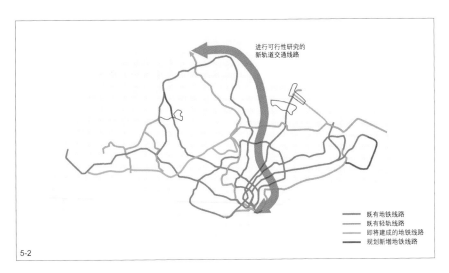

进行可行性研究的
新轨道交通线路

既有地铁线路
既有轻轨线路
即将建成的地铁线路
规划新增地铁线路

5-2

图 5-2　新加坡轨道交通线路示意图(2019年)。图片来源：根据《陆路交通总体规划2040》相关内容绘制

加坡地铁有限公司积极开展多元化相关业务，如物业租赁和工程服务等，使得新加坡地铁有限公司在没有政府补贴的情况下仍能实现盈利[9]，是全球为数不多的能赢利的地铁公司之一。同时，这家公司也正逐渐演变为一家国际知名的，致力于地铁运营及维护服务、地铁工程咨询及物业管理服务的多元经营的交通服务供应商。

（2）确保乘客和运营商两方面利益平衡

设立于1987年的新加坡公共交通理事会（Public Transport Council，简称 PTC）是政府设立的独立监管机构，协助政府收集公众对交通的意见，负责公共交通行业的规范和票价管理等服务监管工作。这个理事会的成员来自不同的社会群体，行业背景不同，能广泛代表民意，保障公众利益。公共交通理事会每年都会根据计算公式（考虑通货膨胀、工资调整、能源成本和生产力等因素）进行票价审查，进而调整地铁和公共汽车票价。这一方式决定了确定车资调整幅度时

---

5. 具体内容参见 https://www.zaobao.com/zopinions/opinions/story20180930-895274 2018-09-30 [2020-12-18]。
6. "20分钟市镇"指居民可以在20分钟内从家到达邻里中心或镇中心，"45分钟城市"指居民绝大多数的出行（包括高峰时段的通勤）可以在45分钟内完成。
7. 政联公司是新加坡特色的国有企业，也被称为"与政府有联系的企业"，是依据新加坡《公司法》注册的企业，完全按照私营企业的模式运营。政府在政联公司中兼具管理者和股东的身份，为使这两种身份被有效"隔离"，新加坡建立了以淡马锡（Temasek Holdings Private Limited）为代表的国有控股公司加强管理，并保障政联公司运行的独立性和自主性。参见 http://sg.xinhuanet.com/2014-08/28/c_126926506.htm。
8. 新加坡地铁有限公司是新加坡主要的轨道交通运营商，拥有地铁南北线、东西线和环线的经营权，并赢得汤申—东海岸线自2019年起为期9年的经营权，这条新地铁线将在2019—2024年分阶段通车。此外新加坡地铁有限公司还运营武吉班让轻轨。除轨道交通业务，新加坡地铁有限公司还拥有公共汽车和出租车业务。
9. 根据新加坡地铁有限公司年报，该公司2001—2017年均有盈利，参见 https://smrt.com.sg/NewsRoom/Annual-Reports。

并不是一味地偏重乘客利益，而是在确保票价可负担与保持运营商财务状况合理两者之间取得平衡。如果一味追求低票价，会导致运营商服务质量下降，而质量低下的公共交通很难成为公众出行的首选。

同时，公共交通理事会也会不断审核所推出的一系列推广计划的成效，并及时进行调整和优化。2017年，公共交通理事会审核了早高峰前地铁免费[10]和非高峰时段特惠月票（Off-Peak Pass）[11]这两项实验性举措的成效，发现早高峰前地铁免费计划自2013年6月推行以来，早高峰时段的乘客量只减少了7%，低于政府预期的10%—20%（主要原因是绝大多数公司没有弹性工作时间的政策），非高峰时段特惠月票也只影响了极少数乘客错峰搭车。由此，公共交通理事会建议陆路交通管理局终止这两项实验性举措，改试其他办法。

（3）公共汽车和轨道交通混合经营，一体化发展

随着国家推动的大运量的轨道交通迅速成为新加坡公共交通的主导力量，以往占新加坡公共交通主导地位的公共汽车行业无疑受到冲击，而公共汽车在整个公共交通系统中的作用不可或缺，尤其在新镇层面——连接地铁站（位于镇中心）与邻里中心及住宅小区，还有轨道交通不能覆盖的密度较低的区域。针对这个问题，陆路交通管理局在1996年白皮书里就提出扶持兼容模式的公共交通运营商的策略，确保轨道交通和公共汽车能够最大限度相互配合，整体提升公共交通系统的效率和便利程度。让运营商混合经营轨道交通和公共汽车业务，将公共汽车整合入城市地铁和轻轨系统，这一理念促使新加坡公共交通形成一体化发展局面。地铁和公共汽车运营公司陆续合并，形成了两家公共交通运营公司——新加坡地铁有限公司和新加坡新捷运公司（SBS Transit，简称SBS）[12]。新加坡地铁有限公司于2001年重组，成为第一家多模式公共交通运营商；新加坡新捷运公司紧随其后于2003年成为第二家多模式公共交通运营商。混合经营模式避免了轨道交通和公共汽车之间不必要的竞争，形成互补的一体化发展格局。

（4）整合票价，按距离定价

公共交通运营商同时经营轨道交通和公共汽车，为公共交通收费系统整合改进创造了条件。2010年7月起，新加坡公共交通按距离计价制度（Distance Fares Scheme）收费[2]，不同交通模式和运营商之间实现无缝衔接，免除规定时间范围内乘客每次转车所需支付的起

步价，乘客最终需付的车资以整个行程的距离来计算。距离定价意味着乘客无论搭乘地铁或公共汽车，行程的费用都是根据实际通行距离来计算，这一改革降低了新加坡人的交通费用。

5.2.3　公共交通站点的综合功能开发和硬件配套

除了公共交通线路组织、运送量和行进速度外，公共交通的便利度和舒适度与站点及站点相连的设施和功能情况密切相关，这一点在新加坡公共交通管理中被高度重视，而且必须与规划（都市重建局）和新镇建设（建屋发展局）等相关政府部门协作完成。

（1）交通枢纽综合功能开发

重要公共交通枢纽通过立体复合功能开发，不仅能容纳轨道交通和公共汽车换乘功能，同时也是购物中心、公共图书馆、餐饮中心等服务周边区域居民和通勤人士的综合体，通常在综合体的上面或相连位置设有高层办公或住宅建筑（图 5-3，图 5-4）。这类综合体占地并不很大，但位置重要，交通和公共服务效率很高，辐射影响范围大，而且功能复合程度越来越高，如金文泰中心（Clementi Mall）和勿洛中心（Bedok Mall）等，今后还将新增类似的综合改造开发项目[13]。这些交通枢纽综合体的功能高度复合，各种交通方式和地下地上使用空间在横向和纵向上高度整合，步行网络四通八达。其升级改造项目的复合程度超过欧美发达城市同类项目，且更加高密度和高强度，建筑、消防、交通组织等方面进行技术规范调整的力度很大。虽然这方面不属于高技术，但值得上海等中国主要城市学习。

（2）加长公共汽车站台

2012 年 3 月起将 35 个重要公共汽车站点的站台加长，候车亭的长度也相应延伸，可以同时停靠 3 辆单层或双层汽车，或 2 辆铰接式

---

10. 周一至周五 7:45 以前，从市区 18 个繁忙地铁站出闸的乘客可免付车资。7:45—8:00，从市区地铁站出闸的乘客则可享受最高 5 角新元的车资折扣。该计划于 2017 年 12 月 29 日终止。
11. 购买非高峰时段乘车特惠月票者，可在平日非高峰时段，即 6:30 之前、9:00—17:00，及 19:30 之后，无限次搭乘公共汽车和地铁。周末和公共假日全天不受限制。该计划于 2017 年 12 月 29 日终止。
12. 新加坡新捷运公司是新加坡主要的公共汽车运营商，并运营轨道交通和出租车业务。SBS 拥有超过 200 条公共汽车线路，经营地铁东北线、滨海市区线以及榜鹅新镇和盛港新镇的轻轨线。参见 https://www.sbstransit.com.sg/about/corpprofile.aspx。
13. 已建成的 10 处公交枢纽综合体位于宏茂桥（Ang Mo Kio）、勿洛（Bedok）、文礼（Boon Lay）、金文泰（Clementi）、裕群（Joo Koon）、盛港（Sengkang）、实龙岗（Serangoon）、大巴窑（Toa Payoh）、武吉班让（Bukit Panjang）和义顺（Yishun）。参见 https://www.lta.gov.sg/content/ltaweb/en/public-transport/system-design/integrated-transport-hubs.html。

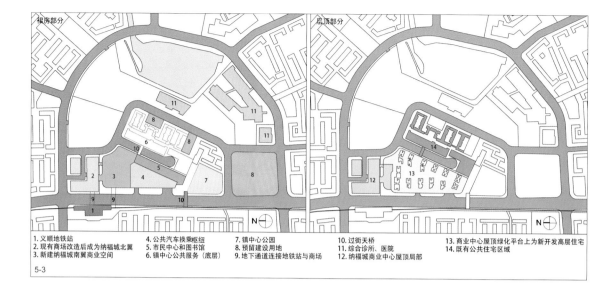

裙房部分

底顶部分

1. 义顺地铁站　2. 现有商场改造后成为纳福城北翼　3. 新建纳福城南翼商业空间

1. 公共汽车换乘枢纽　5. 市民中心和图书馆　6. 镇中心公共服务（底层）

7. 镇中心公园　8. 预留建设用地　9. 地下通道连接地铁站与商场

10. 过街天桥　11. 综合诊所、医院　12. 纳福城商业中心屋顶局部

13. 商业中心屋顶绿化平台上为新开发高层住宅　14. 既有公共住宅区域

N

N

5-3

加长公共汽车[14]。这一举措对减少公共汽车进站的等候时间，缓解交通拥堵成效显著。

（3）改善步行至公共交通站点的连接

"畅行乘车计划"（Walk2Ride）是用带顶的连廊加强交通站点与周边住宅或其他建筑步行联系的建设，在现有交通站点 400 米半径范围内（目前连廊覆盖范围为 200 米半径范围）建更多步行连廊，同时，所有公共汽车换乘枢纽、地铁站和较大流量公共汽车站点 200 米半径范围内的土地都将是复合功能开发。至 2018 年 9 月，全岛这类步行连廊已从原先的 46 公里增加至 200 公里，而且沿途设有指示牌、地铁路线图及休息处，可让乘客在舒适环境下步行到车站[15]。这将大大改善乘客来往公交站点的体验，加强公交设施的衔接性和吸引力（图 5-5）。

（4）加强无障碍设计

针对老人、残障人士和推婴儿车乘客乘坐公共交通的困难采取了一系列措施——所有公共汽车可接载轮椅上下车，普遍提升公共交通站点的无障碍设施普及程度（98% 的公共汽车站拥有无障碍配置，85% 以上的地铁站有至少 2 个无障碍出入口，所有地铁站拥有至少 1 条有电梯、触觉引导系统和无障碍卫生间的无障碍路线），95% 的人行通道达到无障碍设计标准等。至 2018 年底，已为 40 座行人天桥增设电梯，使其成为老人和轮椅友好型天桥[16]。

图 5-3　义顺新镇中心纳福城（Northpoint City）及周边地块示意图，左图为裙房部分，右图为屋顶部分。图片来源：作者自绘

图 5-4　义顺新镇中心纳福城剖面示意图。图片来源：Frasers Property Singapore

图 5-5　连接公共住宅小区和公共汽车站的连廊。图片来源：作者拍摄

01	连接义顺地铁站的地下商业通道	04 中庭	07 南翼地上二层商业	10 公共汽车换乘枢纽	13 商场上新开发的住宅群
02	商场北翼现有的地下通道	05 中庭上空天桥连通商场南北翼	08 社区公园	11 商场北翼停车库	14 屋顶绿化休闲平台
03	南翼地下一层商业	06 南翼地上一层商业	09 商场南翼停车库	12 改造后的商场北翼	15 住宅停车库

5-4

5-5a

5-5b

5.3 对私家车、出租车等其他交通手段的管理

5.3.1 对拥有和使用私家车的双重限制

随着国家发展，新加坡人的购买力不断提高，私家车拥有量也在增加。为了控制不断增长的私家车的拥有量和使用率，减少对私家车的依赖，政府推行对拥有和使用私家车的双重限制。

---

14. 具体内容参见 https://www.mot.gov.sg/news-centre/highlights/detail/a-better-ride-with-expanded-bus-bays。
15. 具体内容参见 https://www.lta.gov.sg/content/ltagov/en/newsroom/2018/9/2/factsheet-lta-completes-200km-of-sheltered-walkways-under-walk2ride-programme.html。
16. 具体内容参见 https://www.mot.gov.sg/about-mot/land-transport/accessibility。

新加坡从 1990 年起通过实施车辆配额系统（Vehicle Quota System）和拥车证（Certificate of Entitlement）政策来管理私家车拥有量。车辆配额系统对每年增加的车辆数量进行控制，将车辆分为 5 大类，在综合评估上一年度车辆总数、可能的增加额度和报废车辆数量等多种因素的基础上计算出本年度车辆增长额度。要拥有私家车必须去竞拍拥车证，不同类型车辆的拥车证价格遵循市场动态浮动。拥车证使用期限为 10 年，期满后可支付一定费用再延期 5—10 年，否则车辆将被注销。2019 年 7 月拥车证的成交价达 2.8 万到 3.7 万新元 [17]。政府还对机动车征收各种税费，包括进口税、注册费、路税等，提高购车成本，在新加坡要拥有一辆普通经济型私家车大概要花费 10 万新元。实行车辆配额和拥车证政策的效果十分明显，2009 年前新加坡私家车平均年增长率保持在 3%，之后逐年降低，2013—2015 年的平均年增长率约为 0.5%，2015—2018 年的平均年增长率为 0.25%。2017 年 10 月，陆路交通管理局宣布从 2018 年 2 月开始，私家车和摩托车的年增长率从 0.25% 降低为 0，实施"零增长"，新拥车证的发放量取决于旧车注销的数量，商业运营车辆仍可保持一定增长 [18]。

电子道路收费系统（Electronic Road Pricing，简称 ERP）是新加坡限制汽车使用的主要管理措施，针对特定的收费道路和限制时段 [19]，基于"使用就付费"的原则向驾车者收取道路使用费用。ERP 从 1998 年开始实施，取代了 1975 年的区域通行证制度（Area License Scheme）。电子收费龙门架设置在限制路段出入口处，费率根据不同路段、时间和当时的交通状况动态变化，高峰时段每半小时自动调整一次，帮助调节高峰时段的交通流量。这一智能控制收费系统的作用和特点是：①有效减少中央商务区和主要快速路等大流量路段的机动车交通流量；②鼓励驾车者考虑其他出行方式、出行道路或出行时间来优化道路通行量；③费率动态调整；④通过车辆上安装的插卡式付费电子设备自动支付费用，车辆按照不同车型确定收费基数，车型越大支付费用越高。高峰时段 ERP 费率根据交通流量和速度每半小时调整一次，通过 ERP 费率的波动起到调整交通的作用，使收费道路上的交通既不拥堵，又不出现道路资源闲置。根据规定，高峰时段限制路段的预期车速是：高速公路 45—65 公里/小时，中心城区主要道路 20—30 公里/小时。若半小时检测的平均速度低于预期车速的低值，说明限制路段上车辆过多，不希望更多车辆再进入，费率将自动适量提高；如果平均速度高于预期车速的高值，费率将自动下调来提高道路的使用率。ERP 费率每三个月评估一次，费率调整过程公开透明，便于接受公众监督。

　　实施 ERP 之后，尽管新加坡汽车数量不断增加，城市中心范围的交通流量一直控制在合理水平。新加坡中央商务区在高峰时段基本上拥有全世界该类区域中最快的平均车速，2014 年统计显示早高峰（8:00—9:00）和晚高峰（18:00—19:00）的平均车速为 28.9 公里 / 小时 [20]。新加坡 2020 年全面实施的 ERP II 系统使用全球卫星导航系统跟踪车辆，并通过专用网络平台，可预先告知驾车者前方道路的收费情况并通过网络平台收费。电子收费龙门架被拆除，新技术的应用也带来城市面貌的更新。

5.3.2　出租车——作为公共交通的重要补充

　　因政府对私家车的严格限制，大部分新加坡人很难拥有私家车，在这种情况下，出租车成为新加坡公共交通的一个重要补充部分。新加坡出租车行业的发展经历了大致 4 个发展阶段——从 20 世纪 60 年代的混乱无序到 70 年代开始监管并出台服务标准，到 1998 年 9 月起允许运营商自行制定车资结构，再到 2003 年 6 月起出租车行业全面市场化，取消对出租车公司数量和车队配额的管制。陆路交通管理局对符合规定的出租车公司发放出租车经营牌照，并对出租车预定、驾驶安全、司机行为等服务质量进行监管，不满足服务质量标准的将受到经济处罚。为确保高峰时段有足够的出租车提供服务，陆路交通管理局从 2013 年 1 月开始采用"可用出租车率标准"（Taxi Availability Standard），对所有出租车公司每月进行检查。出租车公司没有政府补贴，完全依赖自我经营，需要通过更好的车辆和更周到的服务相互竞争。尽管新加坡出租车每千人拥有率很高 [21]，但高峰时段的需求和供给仍然无法平衡，近年来，陆路交通管理局不断出台新政策，加强出租车行业管理，并从定价等方面促进行业积极发展 [22]。作为对出租车的补充，私人网约车市场也得到开放，但受到严格管治。陆路交通管理局规定从 2020 年 6 月起所有网约车司机都必须获得私人出租汽车

---

17. 具体内容参见 https://www.zaobao.com.sg/news/singapore/story20190704-969505。
18. 具体内容参见 https://www.lta.gov.sg/content/ltagov/en/newsroom/2017/10/2/certificate-of-entitlement-quota-for-november-2017-to-january-2018-and-vehicle-growth-rate-from-february-2018.html。
19. 周一至周五中央商务区 7:30—19:00 为限制时段，其余 ERP 收费路段限制时段仅 7:30—9:30。
20. 具体内容参见 https://development.asia/case-study/case-electronic-road-pricing。
21. 新加坡 2014 年出租车每千人拥有率达 5.2 辆，位于世界前列，参见 https://www.straitstimes.com/opinion/the-case-for-more-taxis。
22. 具体内容参见 https://www.lta.gov.sg/content/ltagov/en/getting_around/taxis_private_hire_cars/taxi_fares_payment_methods.html。

5-6

图 5-6 新加坡自行车线路规划
示意图(2015 年),图中浅红色
标识部分为实施自行车推广计
划的新镇,橙色为环岛绿道,棕
色为骑行路网,绿色为公园绿道。
图片来源:URA

驾驶员执照,网约车所用车辆也必须注册为私人出租汽车,车上须贴有"私人租用"(Private Hire)标签。此外,为保障乘客安全的各项法规也在不断更新。

5.3.3 自行车推广计划

　　新加坡的气候和地形条件普遍被认为不适合骑自行车,但近年来,新加坡学习阿姆斯特丹经验,将自行车纳入公共交通,并与休闲和运动结合,成为一种新兴的绿色出行方式。多个管理部门密切合作,从全国和新镇两个层面推广自行车的使用,这是新加坡推进城市可持续发展的一个重要举措。

　　《2014 年总体规划》提出新加坡全岛自行车推广计划(National Cycling Plan),旨在为休闲和通勤开拓自行车路线。开拓的自行车路线充分利用现有的道路资源,并整合入新加坡全岛的路网系统(图 5-6)。新镇自行车推广计划(Intra-town Cycling Plan)是在镇内建设全方位的自行车道和设施,让居民能够在镇内骑行至公交枢纽、邻里中心、学校和公园绿道等。2014 年 12 月,陆路交通管理局和都市重建局公布了将宏茂桥建设成新加坡首个步行和骑行示范镇的计划[23],

让镇内的步行、骑行以及和公交站点的连接更加安全便利。自行车路网近年来在不断地扩展延伸[24]，计划至2030年，自行车推广计划覆盖所有新镇。

作为自行车推广计划的一部分，陆路交通管理局不断提升骑行和公共交通的连接性，并采取了一系列措施，如：①折叠型自行车可以在特定时段带上公共交通[25]；②主要的公共交通站点配备自行车停车架；③在路口、天桥和地道等处设自行车专用道（包括专用坡道）保障骑行线路畅通；④在一些学校和办公场所配备充足的淋浴更衣设施等。陆路交通管理局还协同其他机构推出全面的骑行安全指南。

5.4　多元的交通管理举措确保公共交通主导地位

由于土地资源限制，提升现有路网的交通效率和相关土地的利用效率是新加坡解决交通问题的主要途径。同时，在各类建设工程中运用工业化预制装配式技术等工程管理上的改进也帮助提高了新加坡的交通效率。从新加坡的情况看，通过管理手段提升交通能力是第一位的，而管理需求下的技术手段则是辅助性的。新加坡交通方面采取的管理举措合理有效，对具体交通问题的探讨和解决办法公开透明，容易被市民普遍接受并产生积极互动，因此这些办法也就能够不断进行调整优化并长期实施。从管理手段上可以看出政府管理部门在具体问题上动了很大脑筋，并有很强的实施管控能力。

5.4.1　赋予公共汽车更优先的路权

为了提升公共汽车的运行速度和可靠度，陆路交通管理局推出了一系列举措，其中已经推广较长时间的是"必须给公共汽车让路计划"（Mandatory Give-Way to Buses Scheme）[3]。这一举措保障在公共汽车站点一定范围内，在早晚交通高峰时段内公共汽车优先使用道路，顺利接靠和驶离站点，影响公共汽车进出站点的汽车会被公共汽

23. 宏茂桥步行和骑行示范镇计划的具体内容参见 https://www.lta.gov.sg/content/ltagov/en/upcoming_projects/road_commuter_facilities/ang_mo_kio_walking_cycling_town_phase_2.html
24. 至2020年新加坡已建设自行车路网总长440公里，计划2025年增加至750公里，具体内容参见 https://www.lta.gov.sg/content/ltagov/en/getting_around/active_mobility/walking_cycling_infrastructure/cycling.html。
25. 周一至周五 9:30—16:00 和 20:00 至最晚车次允许将折叠型自行车带上公共交通，周末和公共假日则全天允许。

车上安装的摄像头记录下来，并受到处罚。这个强制性让路的管理举措于2008年底开始试点，在22个车站试点的结果说明该措施让公共汽车离开站点的速度提升了73%。"必须给公共汽车让路计划"只是公共汽车加强计划的举措之一，管理部门还通过设置公共汽车专用道、路口让公共汽车先行的信号灯等附加措施，保证公共汽车在路上尽可能不间断地行驶，实现公共汽车拥有更优先的路权。

5.4.2 灵活行程计划和错峰出行奖励

灵活行程计划（Travel Smart）是通过政策支持，引导企业参与配合的综合性长期行动计划，允许上班族上下班时间有一定的灵活度，目的是鼓励错峰出行，推广更加合理的出行模式，减少高峰时段的交通压力[4]。政府在2014年试点阶段主要与重要地铁站周边办公密集区内超过200名雇员的公司和机构合作，政府部门也参与其中，实施弹性上下班时间段——上班时间段为7:00—9:00，下班时间段为15:00—17:00，总的工作时间不变。未来将鼓励更多机构长期参与这一计划，对减少高峰时段的城市交通量将有显著成效。从政府部门实施弹性上下班时间段的实际情况看，通过对一些细节的合理安排，这一计划并不影响机构的运行效率。

早高峰前出行优惠计划（Lower Morning Pre-Peak Card Fares）[26]替代了2017年底终止的"早高峰前地铁免费"和"非高峰时段特惠月票"两个计划，并且不再局限于先前计划规定的18个地铁站，而是实施于全岛157个地铁站和轻轨站，受惠人数进一步扩大。与灵活行程计划配套的奖励机制（Travel Smart Rewards）给在非高峰时段出行的通勤者积分奖励，累积的积分可以参加抽奖赢取奖金。老年人9:00后出行可享受优惠票价。这些奖励举措的目的是引导市民尽可能使用公共交通错峰出行，促进灵活行程计划的全面实施。

5.4.3 为驾车者提供转搭公共交通的选择

停车转搭公共交通计划（Park and Ride Scheme）于1975年实施，目的是解决中央商务区交通拥堵状况。驾车上班者在一些选定的靠近公交站点的公共住宅停车场购买白天停车月票，在进入城市中心前停车并换乘公共交通上班，这种开车加公共交通组合的方式对一些驾车者而言是更合理的选择——总的通勤时间减少，停车比较方便，且停车费用相比城市中心大大降低。近年因地铁线路已经延伸入中央商务区，公共汽车也很大程度加强了城市中心的通勤服务，这一计划已不如当初那么有效，因此于 2016 年 12 月 1 日被终止[27]。

5.4.4　应用智能技术手段提升路网能力

智能交通系统（Intelligent Transport System）在新加坡的交通管理中占重要位置，对提升现有路网的交通能级发挥重要作用。除了前述的电子道路收费系统外，目前主要应用的智能系统包括：1998 年起实施的快速路监控信息系统（Expressway Monitoring and Advisory System）、1999 年起实施的车速监测系统（Traffic Scan）、在重要路口安装摄像头的监察系统（J-Eyes）以及公共汽车专用道强制系统等。

除这些国家层面的智能交通管理系统，陆路交通管理局在 2010 年推出个性化的陆路交通综合服务信息平台（MyTransport.SG），提供个性化的路况咨询和出行线路规划、公共交通实时信息等服务。这一举措方便乘客做出更适合的交通选择，也进一步提升了居民选择公共交通的意愿和交通服务质量。私家车驾驶者可以通过交互式地图（One.Motoring 和 sgtrafficwatch.org 等）查看实时交通状况以及每个收费口的 ERP 费率来选择通行道路和出行时间。

2014 年，陆路交通管理局与新加坡智能交通协会（Intelligent Transportation Society Singapore）合作提出的新加坡智能交通战略发展计划《智能交通 2030》（Smart Mobility 2030）综合了政府管理部门和智能交通产业的发展愿景，为今后新加坡智能交通提出了发展纲要，包括三个主要发展举措：①实施创新和可持续的智能交通解决方案；②发展和使用智能交通标志；③在政府管理和技术提供部门之间建立密切的合作伙伴关系合力解决问题。同时还明确了智能交通主要关注的四个方面——信息、互动、无障碍和绿色交通。总的来说，新加坡在智能交通方面应用的技术手段成熟可靠、必要且合理。一些最前沿（时髦）的智能交通技术手段在新加坡获得各种研究资助，并不断针对新加坡实际应用情况进行实验[5]。

---

26. 这一新计划规定工作日 7:45 之前在任何一个地铁站或轻轨站进入检票口就可获得车费折扣，具体内容参见 https://www.straitstimes.com/singapore/transport/cheaper-mrt-rides-for-pre-peak-weekday-travel。
27. 具体内容参见 https://www.lta.gov.sg/content/ltagov/en/newsroom/2016/10/2/park-ride-scheme-to-cease-from-1-december-2016.html。

5.4.5 自动驾驶

新加坡正在大力发展自动驾驶技术以应对未来城市交通问题，克服土地和人力等方面的限制。国家地域面积小、拥有高度管制的先进的智能交通系统和道路基础设施、成熟综合的城镇和交通规划以及企业风格的政经和科研环境使新加坡可能成为全球最快全面实现自动驾驶的地方。新加坡探索自动驾驶的目的是为改善公共交通系统的可达性和连接性——乘客可以通过按需预约自动驾驶车辆实现与公共交通"首尾一公里"的便利衔接，尤其针对老人、有小孩的家庭和残障人士，大大提升公众搭乘公共交通的便利性和包容性。这将鼓励公众更多利用共享车辆和公共交通工具，减少对私家车的依赖，最终减少城市拥堵。自动驾驶必然影响城市和新镇的运行模式，新加坡在自动驾驶方面的尝试和应用经验将为其他城市提供重要参考。

为保障自动驾驶车辆在公共道路上的行驶安全，陆路交通管理局从 2015 年开始在纬壹科学城进行自动驾驶车辆的道路测试。由陆路交通管理局、南洋理工大学和裕廊集团联合开发的占地约 2 公顷的自动驾驶汽车测试中心于 2017 年 11 月 22 日启动 [28]，两年后，测试范围拓展到新加坡西部超过 1000 公里的各类城市道路，以便在各种交通场景和路况下进行道路测试 [29]。2019 年 3 月，沃尔沃巴士公司和南洋理工大学推出世界第一辆上路测试的全尺寸自动驾驶公共汽车，全长 12 米，可搭载 80 名乘客 [30]。2019 年，自动驾驶校园专线汽车在新加坡国立大学和南洋理工大学的校区范围内运行，并在圣淘沙岛和裕廊岛进行类似的 2 项试运行。陆路交通管理局计划从 2022 年起，在非繁忙时段，在榜鹅、登加以及裕廊创新区 3 个地区试运行定时自动驾驶公共汽车服务，除了为居民和上班族提供交通便利，也旨在进一步了解如何安全地大规模推行自动驾驶公共汽车。同时，陆路交通管理局也在探讨试行按需预约的自动驾驶接驳车服务，将在地铁东北线、南北线、东西线及汤申—东海岸线之间加强接驳能力，提升上述 3 个地区与公共交通的衔接性 [31]，并通过这一试点检验进一步扩大自动驾驶应用范围相关的监管、运营和技术支撑等问题。

28. 具体内容参见 https://www.lta.gov.sg/content/ltagov/en/industry_innovations/technologies/autonomous_vehicles.html。

29. 具体内容参见 https://www.lta.gov.sg/content/ltagov/en/newsroom/2019/10/1/Autonomous_vehicle_testbed_to_be_expanded.html 以及 https://www.lta.gov.sg/content/dam/ltagov/news/press/ 2019/20191024_AVtrialmap_AnnexA.pdf。

30. 具体内容参见 https://www.channelnewsasia.com/news/singapore/driverless-electric-bus-launched-by-ntu-and-volvo-in-world-first-11311838。

31. 具体内容参见 https://www.zaobao.com.sg/znews/singapore/story20171123-813093。

新加坡正在建设智慧国家，全岛都将成为各种新兴科技的测试基地，创新和应用成果将大力向外输出，寻求互惠合作。

对于国土面积有限的新加坡，国家要发展，交通必须相应地持续发展，在不能增加交通用地的情况下，以新思路和新手段不断突破现有交通能力的上限是其发展的必由之路。新加坡采用了公共交通绝对主导的核心策略，以多管齐下的方式规划陆路交通系统以达到整合和高效运行。这一策略超越了交通领域，是一个全方位的城市管治规划——陆路交通不仅将市民的工作、居住和休闲活动很好地连接起来，还要确保在移动过程中，无论采用哪种交通工具都能感受到可靠、方便和舒适，并进一步与保护环境和健康生活方式等方面有机结合。与公共住宅、环境和产业等重要领域的管理一样，新加坡陆路交通管理由政府绝对主导，并能发挥和控制市场力量的作用，体现了高水平的治理能力。以这种能力为前提，政府各个职能部门之间能够实现有效的协调合作，并能适应发展变化对政策不断进行调整，在规划、管理办法和技术手段等方面持续改进，形成方向明确、动态发展、各个环节均在掌控之下的良性态势。

主要参考文献

[1] Land Transport Authority. White paper: a world class land transport system. Singapore: Land Transport Authority, 1996.

[2] Land Transport Authority. Land transport master plan 2013. Singapore: Land Transport Authority, 2013.

[3] Land Transport Authority. Mandatory give-way to buses scheme. Singapore: Land Transport Authority, 2008.

[4] Land Transport Authority. Travel smart. Singapore: Land Transport Authority, 2014.

[5] Land Transport Authority. Smart mobility 2030: ITS strategic plan for Singapore. Singapore: Ministry of Communications, 2014.

[6] FWA T F. 50 Years of transportation in Singapore: achievements and challenges. Singapore: World Scientific Publishing, 2015.

[7] Land Transport Authority. LT masterplan: a people-centred land transport system. Singapore: Land Transport Authority, 2008.

第 6 章　新加坡 CBD 的扩展与升级——滨海湾新区

沙永杰　纪雁

新加坡为应对未来城市中心扩展需要，自 20 世纪 70 年代起在滨海湾分期填海造地，填海造地的区域由滨海南（Marina South）、滨海中心（Marina Centre）和滨海东（Marina East）三大部分组成。今天的滨海湾新区就是其中的滨海南区域，面积 3.6 平方公里（图 6-1）。这片填海获得的土地并未急于建设，新加坡政府花了 20 多年时间进行规划研究，直至进入 21 世纪才开始全面开发。滨海湾新区是新加坡今后 15—20 年的发展重点，也是新加坡最具雄心的城市建设项目——在中心城区核心部位，将原 CBD 区域大幅扩展与增容，建成提供高品质商务办公、居住和城市公共生活内容的综合功能城区，将为巩固新加坡在全球网络中的竞争力发挥重要作用。

6.1 全球城市超级城区 21 世纪以来的发展态势——滨海湾新区的全球背景

一个全球城市必须拥有并保持住一个功能极其强大的城区，能充分承载不断发展变化的城市核心功能，从而体现该城市在全球格局中的地位——这类城区可以称为全球城市中的超级城区。尽管这类城区面积通常不超过 3 平方公里，但在承载金融中心功能、聚集超高密度的人才和资本、超常规的开发强度和城市基础设施水平，以及适应全球发展格局变化而进行产业调整和获得政策支持力度等方面都占有绝对优势，因而在全球范围内屈指可数。新加坡滨海湾新区的规划和发展目标就是成为这类屈指可数的全球超级城区中的一员。进入 21 世纪以来，伦敦金融城[1]、纽约曼哈顿下城区[2]和东京丸之内地区[3]（大丸有地区及与之逐步融合的日本桥地区）等均实施了大规模、大力度、结构调整性的能级提升举措，这些全球金融中心城市的 CBD 在开发强度、能级和品质等方面通过城市更新项目大幅提升，与下一层次城市的 CBD 的差距大大拉开，全球城市的核心功能承载区之间的竞争已进入一个更高层面。从进入 21 世纪以来的规划和发展情况看，伦敦金融城、纽约曼哈顿下城区、东京丸之内地区和新加坡滨海湾新区将是未来这类全球超级城区的第一梯队（图 6-2—图 6-5）。简要梳理一下伦敦、纽约和东京的对标城区发展状况，可以更深刻地理解滨海湾新区的规划发展理念，以及对新加坡未来发展的意义。

伦敦金融城政府 2011 年以来发布的规划[4]中有 3 份格外引人注

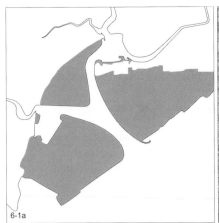

图6-1　滨海湾填海造地示意图（左图中橙色标识区域）。图片来源：根据 URA 相关资料绘制

意——2011 年的《伦敦金融城发展纲要》（Local Development Framework — Core Strategy）、2015 年的《伦敦金融城规划》（Local Plan）和 2018 年的《伦敦金融城规划 2036（咨询稿）》（City Plan 2036: Shaping the Future City — Draft for Consultation）。3 份规划文件所表达的最重要的金融城发展政策是大幅增加办公空间，以承载更多白领就业岗位。根据 2018 年规划文件，2.9 平方公里的伦敦金融城已有办公空间总面积 882 万平方米，计划在 2016—2026 年的 10 年间新增 150 万平方米，2026—2036 年的 10 年间再新增 50 万平方米，增量共 200 万平方米。而此前的 2015 年规划文件对 2016—2026 年的 10 年间新增办公空间的计划是 50 万平方米。这一改变显示了伦敦金融城白领就业岗位持续快速增长的趋势——2019 年就业岗位数量（51.3 万人）与 2016 年数据（48.3 万人）相比，增幅显著。在商业和住宅方面也有开发增量，但比重不大，这与金融城传统商业基础发达和公共交通通勤条件优越有很大关系。

纽约在 2001 年受到"9·11"事件重创后实施改革，尤其在迈克尔·布隆伯格（Michael Bloomberg）任市长的 2002—2013 年间，纽约市政府实施了强势而有效的城市转型举措。尽管又遭受 2008 年金融危机和 2012 年桑迪飓风的重击，曼哈顿下城区在就业、人口、产业调整、

---

1. 伦敦金融城位于伦敦中心位置，面积 2.9 平方公里，是伦敦历史最悠久的城区，也是全球重要的金融、贸易和航运中心。作为伦敦的 33 个组成区域之一，伦敦金融城虽然面积很小，但贡献 12% 的伦敦 GDP。2019 年，伦敦金融城有居民约 8000 人，就业岗位 51.3 万个，是伦敦办公人员最密集的区域。
2. 纽约曼哈顿下城区是纽约金融中心功能承载区和纽约的象征，面积近 3 平方公里，居民约 6 万人，提供就业岗位超过 30 万个。
3. 东京丸之内地区指紧邻东京站的大手町、丸之内和有乐町 3 个片区组成的区域，面积约 1.2 平方公里，也被称为大丸有地区，是日本最重要的 CBD，也可以称为日本经济的中枢。该范围有超过 20 条轨道交通线路（电铁和地铁），拥有 28 万个就业岗位，承载 4300 家公司。
4. 伦敦金融城相关规划的具体内容参见伦敦金融城政府官方网站 https://www.cityoflondon.gov.uk/services/planning/planning-policy/planning-policy-library。

图 6-2　伦敦金融城, 摄于 2016
年。图片来源: dronepicr/
Wikimedia Commons
图 6-3　纽约哈德逊特别区域
再开发项目核心区部分建成
后城市景观, 摄于 2018 年。图
片来源: 瑞联集团(Related
Corporate)

城市公共设施和重大再开发项目等方面取得显著成就, 对纽约城市转
型起到重要作用。"9·11"事件让纽约认识到, 以往那种金融企业全
部聚集在曼哈顿下城区一小块黄金地段的状况将不复存在, 下城区应
转型为综合功能社区, 以往高度聚焦在曼哈顿的资源和机会一部分应
该扩散到曼哈顿以外的其他区, 实现纽约全面发展, 同时促进曼哈顿
(尤其是下城区)进一步升级。曼哈顿实施品牌重塑战略——要吸引
人才和资本, 就需要城市提供高质量的城市公共服务和便利的公共交
通等基础设施, 要体现出城市的"价值"。纽约以 2002—2005 年申
请 2012 年奥运会主办权为重建计划的催化剂, 对城市进行了全面再规
划(近 40% 的土地重新规划), 大量未被充分利用的工业用地转变为

6-4

6-5

图6-4　东京丸之内, 摄于2017年。图片来源: Nikkei Asian Review(https://asia.nikkei.com/Business/15-years-in-Mitsubishi-Estate-finds-cash-cow-with-central-Tokyo-revamp)

图6-5　新加坡滨海湾新区, 摄于2017年。图片来源: dronepicr/Wikimedia Commons

综合功能再开发用地, 往届政府一些长期停滞的项目得以重新启动。尽管并未获得奥运会主办权, 但这3年的工作全面开启了纽约城市和经济复兴的进程, 高线公园、哈德逊特别区域开发项目等近年来纽约的著名项目都是在这一时期确立或筹划的, 也勾画出2007年《纽约规划——更环保和卓越的纽约》 (PlaNYC: A Greener, Greater New York) 的基本轮廓[5]。过去10余年, 纽约在增加住房、推行人行优先的街道更新、打造高端品牌形象 (高档住宅和重要建筑全部由世界级

5. 这份由纽约市政府发布的规划面向2030年, 提出针对10个领域的127项具体城市更新举措, 涉及住房和社区、公园和公共场所、棕地、水路、供水、运输、能源、空气质量、固体垃圾和气候变化, 并明确每2年公布进展报告。该规划于2011年更新, 扩展至132项举措。有关纽约城市规划的相关资料参见纽约市政府官方网站 https://www1.nyc.gov/site/orr/projects/publications.page。

建筑师设计）、增加公园和公共空间建设、振兴滨水区域、延伸和优化轨道交通网络、大幅强化地下枢纽连通（尤其在下城区）、重建世贸中心（作为带动下城区轨道交通网络、城市空间肌理和街道生活重塑的契机）等方面实施了大量具体规划和开发举措，实现转型升级。

东京丸之内地区进入 21 世纪以来，在日本国家经济振兴政策和城市更新激励政策的推进下，受国际化及功能多样化趋势的影响，开展了包括地块重组和地下连通等大规模再开发建设，在综合能级和城市空间形态等方面发生巨大变化，大大强化了这一地区在日本经济发展格局中的特殊地位。日本 2002 年推出的《城市更新特别措施法》是关键动力——根据这一法令，丸之内地区被国家指定为城市更新紧急建设区域，大大放开了开发建设的限制条件，并配套相关政策，最大限度激发民营资本的积极性，与政府合作开展再开发[6]。与日本泡沫经济时期的"房地产热"不同的是，这一轮国家支持的城市更新聚焦城市重点区域，都是公共交通发达并且必须走向复合功能的重要区域，而且政府成立的专门负责城市更新工作的都市再生机构（Urban Renaissance Agency，简称 UR）[7]深入参与项目规划和实施。过去十余年间，丸之内超过一半的建筑进行了更新改造，高度普遍加倍，地下实现连通，整个区域的集中供暖、供热和防灾系统全面升级，而且由于商业设施配置和地下步行网络的发达，城市街道景观和街道生活大大丰富，改变了以往单一商务办公区的氛围。

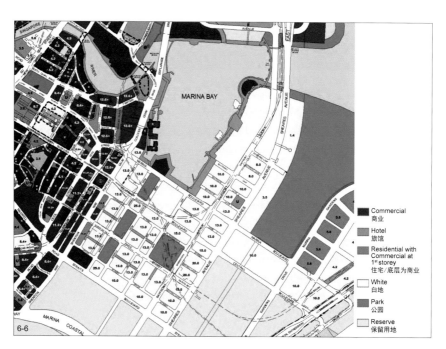

图 6-6　滨海湾新区新 CBD 规划用地容积率示意图。图片来源：URA

从伦敦、纽约和东京进入 21 世纪以来的相关举措分析可以看出，为应对日益加剧的全球竞争，各个全球城市都加大力度，集聚城市资源支持超级城区的能级提升，普遍呈现出加大政策支持力度、吸引人才与资本、功能多元化、建立政企合作机制[8]和增强城市公共性内容等一致的发展逻辑。这些能级提升举措的成效突出表现为就业岗位数量、对城市和国家 GDP 的贡献、高端产业结构、城市开放性与新城市生活方式等方面的重大改进。能级提升离不开城市硬件大幅升级，需要土地开发强度和轨道交通为主的城市基础设施能力两方面支撑条件。理解新加坡滨海湾新区规划发展必须基于上述全球背景。同时，新加坡在气候、绿化、公共空间和多元文化融合等方面的特色也必然赋予滨海湾新区强烈的新加坡特色。

6.2 规划演变过程及进入 21 世纪的建设情况

20 世纪 80 年代，新加坡逐步开放金融业，股票市场和保险业也随之放宽管制，促使新加坡从区域中心发展为全球金融中心。这一政策吸引诸多跨国金融机构入驻新加坡，而国际重大金融机构通常需要标准层面积至少 2000 平方米的无柱开放型办公空间，也希望能在城市中找到同时满足办公需求和高质量的居住和生活条件的区域。而当时新加坡原 CBD 已没有太多再开发空间，办公面积短缺、租金高涨的问题十分严峻。同时期的伦敦开始开发建设第二个金融中心——金丝雀码头，这也为滨海湾新区的规划建设提供了参考。1984 年新加坡都市重建局委托贝聿铭对新区进行规划设计，贝的规划基于原 CBD 路网特点，提出规整网格状路网的建议，新区土地基本划分为规则形状，这个思路沿用至今（图 6-6）。

20 世纪 90 年代，滨海湾新区的实施规划逐步明晰。《1991 年概念计划》明确滨海湾新区将建设成为整合工作、居住和休闲多种城市功能的新区域[1]；1992 年都市重建局发布了新加坡城市中心核心区域的发展指导规划[2]——环绕滨海湾的 U 形区域将成为新加坡 21 世纪

---

6. 参见：同济大学建筑与城市空间研究所，株式会社日本设计. 东京城市更新经验：城市再开发重大案例研究. 上海：同济大学出版社，2019：64-68.
7. 都市再生机构是日本政府于 2004 年设立的推进日本城市更新的独立行政法人特别机构，直接受国土交通大臣管理，兼具政府管理和企业运作双重角色。
8. 指通常所说的"PPP 模式"（Public-Private Partnership）。

图 6-7　滨海湾新区轨道交通
网络示意图。图中红色虚线表示
新 CBD 范围，浅红色范围是原
CBD，橙色表示地铁站点。图片
来源：根据 URA 相关资料绘制

图 6-8　滨海湾新区规划展示模
型，2019 年 1 月摄于新加坡都
市重建局，木质大楼模型表示规
划项目。图片来源：作者拍摄
(a) 从西南向看滨海湾新区
(b) 从东南向看滨海湾新区

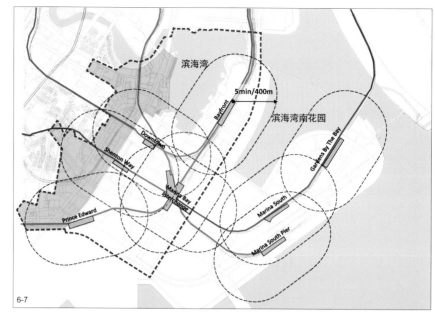

的城市中心；1997 年针对城市中心核心区域制定的发展指导规划[3] 在
滨海湾新区划出 0.85 平方公里的土地作为新 CBD 发展区，与 0.82 平
方公里的新加坡原 CBD 面积相当，规划办公面积 282 万平方米，相当
于香港中环所能提供的办公面积总量[9]。新 CBD 范围内开发用地的容
积率基数为 13（少数地块为 10），一系列位于重点位置的地块容积率
达 20 或 25（图 6-7，图 6-8）。

　　进入 21 世纪，滨海湾新区启动建设。2002 年，SOM 事务所对规
划方案进行优化，细化了路网，并在用地方面增加了很大的灵活性，
将高层建筑推至滨水岸线，强化建筑的分层跌落景观效应，同时增加

连接滨海湾新区和滨海中心的 2 座联系桥。经过近 20 年建设，滨海湾新区已实现与新加坡原 CBD 的无缝连接（图 6-9—图 6-11）。随着 2008 年建成的滨海堤坝（Marina Barrage）、2010 年开业的金沙湾酒店（Marina Bay Sands）、2012 年开园的滨海湾南花园（Gardens by the Bay）和 2017 年完成的滨海盛景豪苑（Marina One Residences）等一系列创新型大项目陆续完成，一批办公楼也陆续投入使用。滨海湾新区的甲级办公楼因地处滨海地段，有着更高的建造标准和更大的标准层面积，吸引了多个跨国企业入驻。入驻企业也呈现多元化趋势，除了占大多数的金融企业，法律、保险、互联网技术和贸易公司也呈现不断增长的态势。至 2012 年，新加坡整个 CBD 内有 14 栋办公楼能满足"无柱办公室标准层面积至少 2000 平方米"的标准，其中至少一半以上办公楼位于滨海湾新区。相比之下，同时期的香港只有 4 栋办公楼能满足这一标准[10]。

至 2018 年，滨海湾新区已建成面积达 260 万平方米，其中含 100 万平方米的办公空间，19.5 万平方米的零售、餐饮和娱乐功能空间，30.4 万平方米酒店，2800 套住宅，以及 63 万平方米的公园和开放空间，提供 3.4 万个工作岗位，有 6000 名居民落户，每年吸引 2200 万人次的游客量[11]。滨海湾新区将 CBD 的功能融合并实现能级提升，按全球最高标准打造的综合功能城区正在逐渐显现。

6.3　滨海湾新区规划开发的突出特点

因为"后发"建设，加上新加坡城市规划和实施能力的优势，滨海湾新区规划建设吸取了国际对标城区的经验和教训，并充分融入新加坡独特的社会人文与自然气候等特征。滨海湾新区目前的开发项目仍集中在新扩展的 CBD 范围，还有大片后续开发的储备土地，面上看不到的基础设施也在建设之中，可以预见，其建成后必然是全球最高能级和最高品质的城区之一（图 6-12）。

滨海湾新区规划开发具有以下突出特点。

9. 参见新加坡《海峡时报》（Straits Times）2018 年 2 月 29 日的报道 "Marina Bay Prime Office Space Equal to HK Business Site"。
10. 参见一份研究报告 CBRE. Marina Bay: A Garden City by the Bay/ A Global Business Hub. Singapore: CBRE, 2012.
11. 参见 LENG F S. Marina Bay: Centrepiece of Singapore's Urban Transformation. Hong Kong: 2018 ULI Asia Pacific Summit, 2018.

图 6-9 2008 年建设中的滨海湾新区。图片来源：Ministry of Information, Communications and the Arts Collection, Courtesy of National Archives of Singapore

图 6-10 2017 年的新加坡滨海湾新区，建成部分与原 CBD 无缝衔接。图片来源：dronepicr/Wikimedia Commons

图 6-11 从金沙湾酒店屋顶观光平台看新加坡原 CBD 和滨海湾新区新 CBD 发展区，图中左侧为待建用地，摄于 2019 年。图片来源：作者拍摄

图 6-12　从金沙湾酒店屋顶观光平台看实施搬迁的港口和滨海湾新区待建用地,摄于 2019 年。图片来源: 作者拍摄

（1）最高等级的基础设施建设和地下空间利用——充分利用地下空间布置基础设施、公共交通枢纽以及地下步行系统。都市重建局从 1998 年开始与公共部门和私营机构合作，用 20 多年的时间在滨海湾新区规划建设共用服务管沟（Common Services Tunnel）。共用服务管沟系统不仅包含通信光纤、电缆、水管，还有整个滨海湾新区的制冷系统，未来滨海湾新区的开发项目（除住宅外）都使用这个制冷系统。共用服务管沟内还包含气动垃圾收集系统，使用吸气装置收集垃圾，并通过管网输送到中央收集点。这一工程不仅解放了地面约 1.6 公顷的土地 [4]，也杜绝了未来基础设施维修时所需的开挖工作。滨海湾新区规划了非常便捷的地下步行网络（Underground Pedestrian Network）。这些全天候带有空调设施的地下通道连接地铁站、商场、街道和新区内的开发项目，不但实现无缝衔接，大大增强了连通性，步行网络沿线还设有一系列零售和餐饮点，为购物者和行人创造便捷愉悦的地下步行环境（图 6-13）。

（2）公共交通为主导并适于步行——滨海湾新区内有 4 条地铁线路，共 8 个站点。新区内各个位置基本都在距离站点 400 米、步行 5 分钟的范围内。至 2021 年，城市中心核心区域（含原 CBD 和滨海湾新区）的所有建筑距离地铁站都将在 10 分钟的步行范围内 12。为鼓励

---

12. 具体内容参见 https://www.channelnewsasia.com/news/singapore/new-ura-draft-master-plan-planning-11383928。

图 6-13 滨海湾新区和原 CBD
地下空间网络规划示意图（图
中紫色标识部分）。图片来源：
URA

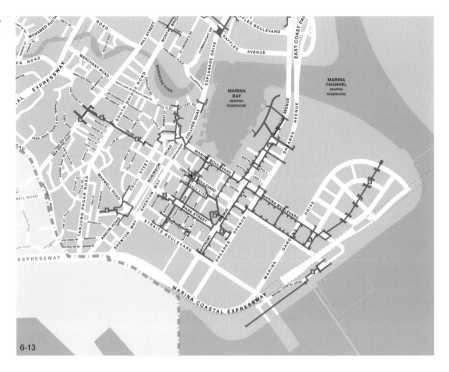

人们使用公共交通，新区的所有新建项目都要求整合带顶棚的步行连廊或人行天桥。除公共交通外，城市中心范围现有的 22 公里的自行车道未来将继续延伸扩展，为滨海湾新区创建良好的骑行条件。

（3）增加居住，确保新区的综合功能——滨海湾新区按照混合功能社区的理念设计，不仅建造高标准的商务办公楼和购物场所还有高密度住宅区，将居住、工作、娱乐休闲真正结合在一起，满足现代生活需求（图 6-14）。根据新加坡《2019 年总体规划》，新加坡将增加城市中心范围的住宅数量（现状 5 万套住宅，未来增加 40%），以便更多人就近工作，约 9000 套新增住宅将在滨海湾新区建设[13]，而且这些住宅建筑本身也是混合功能建筑（底层和地下层为其他功能）（图 6-15，图 6-16）。

（4）"白地"土地规划政策——由都市重建局于 1995 年提出并开始试行的全新概念，其目的是为开发商提供更为灵活的建设发展空间。"白地"一般位于区位条件优越、发展潜力大的区域，有 99 年的租赁使用权（Leasehold）。开发单位在"白地"租赁使用期间可以视市场环境需要在规划许可范围内灵活变更土地使用性质和功能比例，且无须缴纳土地溢价。这一举措不仅使开发商在追求利润最大化的同时，也最大限度地发挥土地的使用价值，更好地平衡和维持区域活力，体现"工作－生活－娱乐"一体的空间开发理念。都市重建局的技术

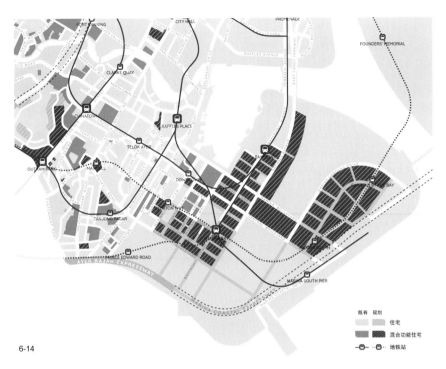

图 6-14　滨海湾新区土地利用规划示意图，复合功能特点非常明确。图片来源：URA

6-14

管控也随之升级，每一块"白地"不仅有主导用途、附属用途和混合用途建议清单外，还有详细的诸如容积率上限、建筑体量、某一功能应达到的最低面积等规划和城市设计指导，参与"白地"招标的提案中标与否取决于该提案是否能使该区域综合效益最大化。因此，"白地"一般能促成更高价值的混合功能开发项目[5]。滨海湾新区的大片开发土地都划为"白地"，都市重建局以此加强滨海湾对私营开发商的吸引力度，同时也在探索其他更新的开发模式。

（5）强化城市公共空间和绿化环境品质，尤其加强滨水线和滨海湾花园等内容的建设。环绕着滨海湾的 3.35 公里长的滨海步道串联起一系列主题景点和公共空间，如鱼尾狮公园、新加坡摩天轮、艺术和科学博物馆等（图 6-17）。螺旋桥和金禧桥 2 座人行天桥将滨海新区、滨海艺术中心和青年奥林匹克公园联系起来。未来，滨海步道还将延伸至滨海堤坝，总长将达到 11.7 公里[14]。同时新区也保留了许多建筑遗迹，提供多尺度的当代和历史的城市空间体验。滨海湾花园是新加坡打造"花园中的城市"这一愿景不可或缺的一部分。滨海湾花园整体占地 1 平方公里，包含 3 个各有特色的滨水花园——滨海湾南花园、

---

13. 具体内容参见 https://www.channelnewsasia.com/news/singapore/homes-housing-cbd-marina-bay-ura-draft-master-plan-11383914。

14. 新加坡都市重建局在 2018 年滨海湾新区土地出让招标材料中公布的数据。

图 6-15　滨海盛景豪苑
项目总平面、一层平面和
标准层平面示意图。滨海
盛景豪苑是包括高档商
品住宅、零售和甲级写字
楼的综合开发项目，由 2
幢 34 层住宅楼、2 幢 30
层的写字楼以及商业裙
楼组成，共 1042 套住宅。
图片来源：ingenhoven
architects

总平面图

0　50　100m

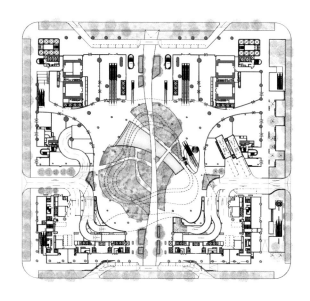

6-15b

一层平面图

0　10　25m

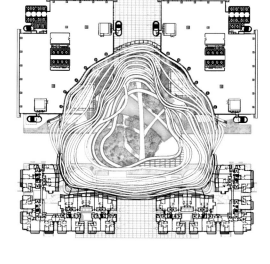

6-15c

标准层平面图

0　10　25m

150

6-16a

图 6-16　滨海盛景豪苑项目。图片来源：ingenhoven architects/HGEsch
（a）项目整体外观及城市背景
（b）中央部分的共享立体景观（局部）
图 6-17　环绕滨海湾的公共空间和公共设施，摄于 2019 年。图片来源：作者拍摄

6-16b

6-17

图 6-18 滨海湾花园 3 个组成
部分的全景，摄于 2019 年。图片
来源：作者拍摄

滨海湾东花园和滨海湾中花园（图 6-18，图 6-19）。其中滨海湾南花园面积最大，约 0.54 平方公里，已于 2012 年开业。它成为新加坡展示作为"花园中的城市"的名片，为滨海湾新区打造适宜居住、工作和娱乐的完美环境。第二大的滨海湾东花园是向公众开放的滨水花园，在繁华的城市中提供宁静放松的滨水休憩场所。拥有 3 公里长滨水线的滨海湾中花园建设完成后将成为连接南花园和东花园的纽带。

（6）滨海湾新区内所有开发项目必须达到政府规定的可持续设计标准，如：所有开发项目都要满足 100% 绿化替代，即项目建成后的绿化总面积（含屋顶和墙面绿化）要与项目基地面积相当；所有开发项目都必须获得 BCA 绿色建筑白金标识[15]。

新加坡滨海湾新区具有后发优势，在规划、开发和应对当代市民需求等方面对标了全球最高标准——综合功能的高强度、高能级和高品质开发，最大限度与普通市民日常工作生活融合，并强化气候、绿化和公共空间等方面的新加坡特色。随着开发建设成果不断呈现，新加坡滨海湾新区足以与伦敦金融城、纽约曼哈顿下城区（及正在开发的哈德逊特区）和东京丸之内地区等全球最高等级城区相媲美的特征日益清晰。

---

15. BCA 为新加坡建设局（Building of Construction Authority）的简称。BCA 绿色建筑标识（BCA Green Mark）是新加坡的绿色建筑评价系统，分为认证级、金级、超金级及白金级四个标识等级。滨海湾新区的所有开发项目都必须达到白金级标识，具体内容参见 https://www.bca.gov.sg/EnvSusLegislation/Environmental_Sustainability_Legislation.html。

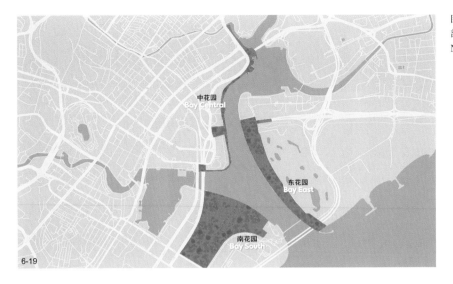

图 6-19 滨海湾花园 3 个组成
部分的示意图。图片来源：根据
NParks 相关资料绘制

主要参考文献

[1] Urban Redevelopment Authority. Concept Plan 1991. Singapore: Urban Redevelopment Authority, 1991.

[2] Urban Redevelopment Authority. Downtown core & portview development guide plans: draft, August 1992—planning a downtown for the 21st century. Singapore: Urban Redevelopment Authority, 1992.

[3] Urban Redevelopment Authority. Downtown core (Central and Bayfront subzones) straits view and Marina South planning areas: planning report 1997. Singapore: Urban Redevelopment Authority, 1997.

[4] Urban Redevelopment Authority. Going beneath: Skyline, 2001(November—December). Singapore: Urban Redevelopment Authority, 2001.

[5] YU S M, SING T F, ONG S E. "White" site valuation: a real option approach. 北京：第 5 届亚洲房地产学会年会暨国际研讨会论文集，2000.

[6] A+U. Singapore: capital city for vertical green（新加坡：垂直绿化之都）. Singapore: A+U Publishing Pte., Ltd, 2012.

第 7 章　社区（社会凝聚力）建设

沙永杰　陈琬婷　纪雁

新加坡社区（社会凝聚力）建设具有显著的政府背景，是自上而下推动的，历经长期持续改进发展获得国民普遍认同，形成大量民众组织积极参与基层自治管理的局面，实现了自上而下和自下而上的融合，是全球范围内少有的成功案例。以国家经济持续发展为最根本的前提，把社会凝聚力建设提高到国家基本政策的层面对待，公共住宅和新镇规划建设必须确保社区建设的硬件条件，强有力和高效的管理能力，既持之以恒又不断适应形势进行政策和管理办法优化调整等，是新加坡取得这方面成就的一些关键因素。

7.1 意义与实质

1960 年，也就是李光耀领导的人民行动党赢得大选并组建自治政府的次年，新加坡创立了两个重要机构：①建屋发展局，负责大规模建设公共住宅和新镇；②人民协会（People's Association，简称 PA），旨在实现不同种族人民和谐共处。这两个机构及职能持续发展至今，都成为当代新加坡国家治理方面的重要特色，成就突出。新加坡建国之初，政治不稳定、经济落后、民族之间关系紧张、人民贫穷，但仅仅用了一代人的时间，就把新加坡从一个第三世界国家发展成为第一世界国家[1]。这一成就首先依赖于以国家力量推进产业和经济持续发展——经济基础为其他方面的发展提供了支撑；其次，新加坡政府在公共住宅和新镇建设，以及在社会凝聚力培育方面的务实工作已历经 50 余年，形成了国民内心深处对国家的高度认同、对政府的信任，以及生活幸福感，这与经济基础同等重要，是新加坡长期繁荣发展的社会基础。

新加坡是一个多元文化的移民国家，在人口、宗教和语言等方面的多元特征十分突出。华人、马来人和印度人是三大主要种族，此外还有欧亚人等；主要宗教有佛教、道教、伊斯兰教、基督教和印度教，各有相当的比例；拥有四种官方语言，即英语、马来语、汉语和泰米尔语，英语是主要的通行语和教学语。新加坡是一个岛国，一个城市国家，以 700 多平方公里的国土面积承载如此复杂的多元化，无疑在国家和城市治理方面面临极大挑战。

---

1. 引自新加坡总理李显龙在 2014 年新加坡国庆日上的演讲，参见 https://www.pmo.gov.sg/Newsroom/national-day-message-2014。

英国殖民时期的新加坡城市规划明确划定了欧洲人和其他各种族的专属城市区域，殖民统治时期的东南亚城市几乎都采用种族分隔的规划管理办法，各种族在各自区域内沿用来自母国的同乡会或行会等进行管治。由于商贸利益、习俗和宗教差异等原因，分隔制度下种族之间的冲突仍持续不断，殖民当局也一定程度上利用这种冲突使各种族相互制衡。从 20 世纪 50 年代中期人民行动党成立到 1965 年新加坡建国的 10 年间，新加坡发生的一系列动荡（如 1964 年的内部种族暴乱和 1965 年被迫脱离马来西亚联邦）都和种族问题密切关联。1965 年的新加坡不仅没有自然资源和经济基础，没有军队等必要的国家基础，而且来自中国、马来西亚和印度的各种族移民普遍对这个新建的小国缺乏认同感和归属感。因此，建国之初新加坡政府就把促进种族和谐、培育社会凝聚力作为国家基本政策，并以各种法律的形式确保不同种族共处，如公共住宅小区居民的种族比例必须与国民种族比例保持相当的种族团结政策。此外，新加坡也面临一些来自外部的危险——早期主要涉及与邻国关系，当前越来越关注防止极端势力和恐怖势力渗透到高度国际化的新加坡，对抗这些外部干扰也需要国民高度团结。因此，培育社会凝聚力是新加坡实现社会和政局稳定、小而富足、持续繁荣发展的必然选择。

覆盖 80% 以上人口的公共住宅和新镇是新加坡社区建设的硬件方面，是国民满意度和社区建设的前提条件；通过人民协会的组织架构，历经半个多世纪的发展，一套自上而下和自下而上有机整合的社区管理运作体系形成了社区建设的软件方面；后来成立的，并非政府职能部门的镇理事会（Town Council）加强了社区管理的自治特点。软硬两个方面高度整合，政府在其中发挥主导作用，国民广泛认同和参与与生活密切相关的社区自治，同时随着经济社会发展持续优化调整政策，以确保新加坡拥有高度的社会凝聚力——这些形成了新加坡特色的社区建设，其实质是社会凝聚力建设，与欧美发达国家的"社区建设"有显著差异，值得中国参考。

7.2　管理运作体系——主要的三方面力量

新加坡社区建设的软件和硬件方面都有很多政府职能部门参与，包括教育、医疗和环境等，并能做到高度整合。从中国当前关注的，尤其是上海开展的社区规划和社区治理工作角度看，新加坡社区建设管理运作体系主要由以下三方面力量承担。

（1）负责"新镇＋公共住宅"硬件规划、建设，以及使用后长期维护与更新的政府职能部门，以 1960 年成立的建屋发展局为主，但规划由新加坡都市重建局负责。建屋发展局在各区域设立办公室，负责所辖区域公共住宅的维护和升级。建屋发展局通过地区办公室的定期汇报，以及与社区工作有关的各专业研究人员和社会工作者的反馈等多途径收集居民对硬件改善的要求，根据这些信息制定公共住宅及其环境改善的办法。除了建筑粉刷等例行维护工作外，电梯加建[2]、住户卫生间改造和近年探索的为老年人进行的室内改造等更新举措也不断推出。因此，新加坡不同时期建造的公共住宅，无论建筑还是小区环境，不存在因年代较久或者缺乏维护而造成的破败情况。同时，建屋发展局开展的公共住宅改造更新在工程实施方面考虑周密，管理严格，如住户卫生间改造的 10 天工期内，会在户内提供一个干净便利的可移动厕浴设备，确保住户正常使用。拥有产权的公共住宅、周到的维护和适时更新——这些硬件方面的工作确保了新加坡社区建设有扎实的群众基础。

（2）人民协会。1960 年 7 月 1 日设立的人民协会是国家层面的法定组织，以促进新加坡种族和谐和社会凝聚力为宗旨，现任协会主席是总理李显龙。人民协会在建国初期的主要作用是通过积极利用社区公共空间[3]，组织文化、教育和体育等群众活动消解种族分界，在社区层面培育多元文化价值观。随着多元文化价值观的形成和社区参与的不断发展，新加坡政府意识到培养社区领导者的重要性——要管理好新加坡这样一个多种族社会，这些人必须对国家有强烈的认同感和高度的服务精神[1]。人民协会在组织国民的文化、教育和体育等集体活动，培养社区领导者等方面的作用越来越重要。

历时半个多世纪的发展，今天的人民协会已经非常壮大[4]，协会的网络体系包含新加坡 1800 多个基层民众组织或团体（Grassroots Organizations，简称 GROs）、超过 100 个社区中心或社区俱乐部（Community Centre 或 Community Club，都简称 CC）、5 个社区发展理事会[5]（Community Development Council，简称 CDC）和国家社区领导者学院（National Community Leadership Institute）。尽管人民协会是政府背景，社区中心也是政府建设的，但大量基层民众组织的成长和维持都要依靠其自我决策和管理。通过这个完善的网络和成熟的机制，人民协会的角色已经超越了促成不同种族人民交流的初衷，实现了新加坡特色的社区参与模式，也使政府能够在社区层面与民众保持联系，成为普通民众与政府之间的沟通桥梁。如果不了解新加坡社会和文化背景，没有亲身体验，理解和认同这种模式是相当困难的。

（3）镇理事会，产生于 1989 年，与新加坡政治体制和选举制度有关。新加坡国会议员从各个选区经民选产生，议员在任期间代表选区民众意愿参与选区范围内的公共事务管理。从 1981 年起反对党进入国会，改变了以往由人民行动党 100% 占有国会议员席位的局面，在反对党获胜的选区内，公共事务管理方面随之发生改变——处于极少数的反对党议员参与公共事务管理，与政府职能部门的交涉中不可避免带有政治竞争意图，并积极利用所在选区争取更多参与公共事务管理的机会，这与以往人民行动党议员在各自选区发挥作用的思路有极大不同。镇理事会就是在这样的背景下产生，除了国会议员外，成员主要是社区居民代表，设多个分委员会分别负责联系社区、资金管理和发布信息等工作。

镇理事会的基本职责是管理维护公共住宅小区和邻里中心商业范围（小店、菜场和饮食区）的公共物业和公共空间，包括：电梯和水电方面的维修、公共部位的设施维护、绿化修剪、清扫、停车位管理、店面管理、蚊虫控制、代收房屋租金、临时使用公共场所的许可等[6]。这些看似琐碎的工作都和民众日常生活质量息息相关，是以往建屋发展局没有覆盖到的"细枝末节"的内容，但没有服务精神，没有普通民众参与也不可能做好。从这一点看，非政府职能部门的镇理事会对于新加坡的社区自治和精细化管理也发挥了重要作用，城市管理完全由政府负责的做法也在发生改变。

7.3 人民协会的重要组成内容和运作策略

人民协会的组成网络和覆盖内容中，在社区层面最有影响力

---

2. 新加坡早期建造的公共住宅为节省造价，布局的电梯数量较少，且普遍是每三层或两层停靠。
3. 如在社区中心或公共住宅小区公共空间安置电视机，促进当时还负担不起电视机的大部分家庭共处和增加交流。
4. 人民协会的具体情况参见 http://www.pa.gov.sg。
5. 社区发展理事会的具体情况参见 http://www.cdc.gov.sg。
6. 参见西海岸镇理事会（一个普通的镇理事会）官方网站 http://wctc.org.sg/。

的有三方面：①遍布新加坡全域的 109 个社区中心（社区俱乐部）（2020 年数据）；②自我管理的重要基层组织——公民咨询委员会（Citizens' Consultative Committee，简称 CCC）、社区中心（社区俱乐部）管理委员会（Community Club Management Committee，简称 CCMC）、居民委员会（Residents' Committees，简称 RCs）和邻里委员会（Neighbourhood Committees，简称 NCs）；③在长期实践中形成的融资、鼓励、教育和引导等策略。

7.3.1　社区中心（社区俱乐部）

新加坡在 20 世纪 50 年代殖民统治时期开始建设社区中心，由当时的社会福利局（Department of Social Welfare）负责建设，多位于当时市区边缘，为周边普通居民提供娱乐活动场所，包括篮球场、羽毛球场和电影放映场。人民协会成立后接管了社会福利局的角色，社区中心的发展受到高度重视，除了为普通居民提供活动场所外，也成为政府向民众传达各种国家信息和政策的重要途径，同时也承担职业培训基地的角色，这对当时就业和国家经济发展起到非常重要的作用。早期由于经济条件限制，一些社区中心是由饮食和摊贩中心改造而成。早期社区中心在当时发展条件下最大限度地为民众提供各种便利的服务，如：当电视在新加坡刚刚出现的时候，民众可以在社区中心免费看电视；社区中心提供流动图书馆服务，既方便民众也减轻国家图书馆的压力；鼓励年轻人参加体育竞技活动，以此减少参与帮派活动和接触毒品的机会——这些促进民众交流和体现社会职责的活动奠定了社区中心的基本特征和发展方向。随着新加坡社会和经济的发展，今天的新加坡社区中心在物理规模、功能和组织运作等方面有显著提升，许多社区中心已经扩大更新为社区俱乐部，二者其实没有本质区别，对于新加坡人来说，后者意味着能为居民提供更丰富的课程、活动和设施，可以看作是更高版本的社区中心（图 7-1—图 7-3）。所有课程和活动等都由各个相关的民众组织自我管理运营，在社区中心开设的各种课程（包括针对儿童的轮滑、跆拳道、舞蹈和美术，针对成人的瑜伽、武术、书法和语言等）收费很低。社区中心的多功能活动场地收费合理，也被各种民众组织高效率使用，社区中心成为大多数家庭必然经常要去的地方（图 7-4，图 7-5）。

截至 2020 年，新加坡共有 109 个社区中心（社区俱乐部），平均 5—6 平方公里、每 5 万人口（包括公民、永久居民和持留学或工作

7-1

7-2

7-3

图 7-1　市民在刚建成的汤申社区中心(Thomson Community Centre) 打篮球,摄于 1984 年。图片来源: Singapore Federation of Chinese Clan Associations Collection,Courtesy of National Archives of Singapore

图 7-2　崇文社区中心(Chong Boon Community Centre),摄于 1990 年,是宏茂桥新镇内的一处社区中心,1991 年改名为德义社区中心(Teck Ghee Community Centre)。图片来源: Singapore Federation of Chinese Clan Associations Collection,Courtesy of National Archives of Singapore

图 7-3　东海岸的马林百列社区俱乐部(Marine Parade Community Club)建筑外观,摄于 2000 年。图片来源: Ministry of Information and the Arts Collection,Courtesy of National Archives of Singapore

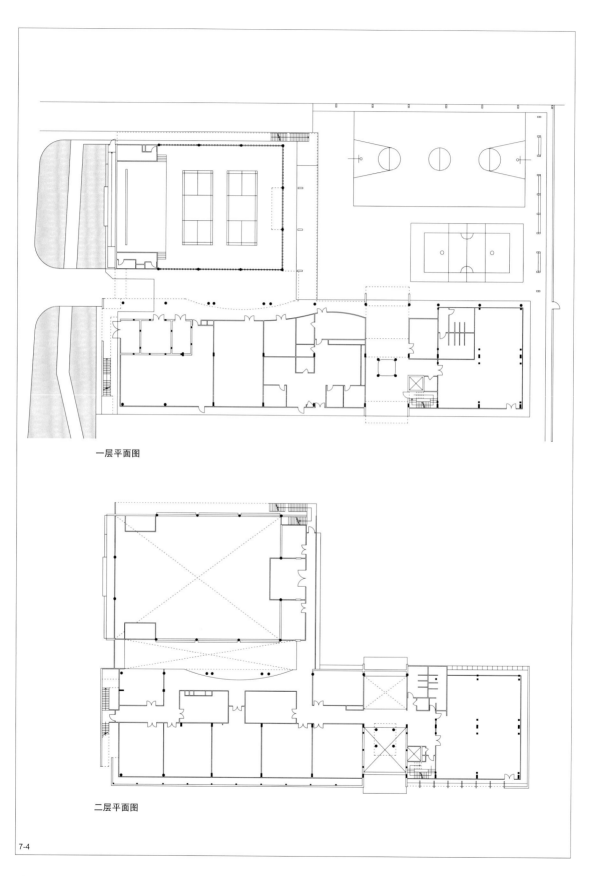

一层平面图

二层平面图

7-4

162

签证居留人员）就有一处社区中心，这种比较密的布局规划考虑了：
①日常去社区中心的出行时间和距离；②避免给城市交通增加额外压力；③可以感知到的社区规模。这些社区中心的选址都在公共交通最便捷的社区最中心位置，建筑外观往往十分醒目，有鲜明的大众化和开放特征（显著区别于追求高尚品位的商业化会所），建筑和周边场地布局注重实用、考虑周到、安排紧凑，并兼容多种功能。如：设置孩子家长等待时阅读或使用电脑的专门空间，篮球场兼作轮滑等室外课程的场地，也可临时搭建大棚供社区组织较大规模的民众聚餐。通过硬件场所和丰富的活动建设，社区中心成为当代新加坡社会景观的重要组成部分[7]（图 7-6，图 7-7）。

---

7. 近年来新加坡的社区中心加强复合功能开发，将社区中心、图书馆、体育设施、综合诊所和摊贩中心等多种功能集合在一起，建设新一代的社区中心——社区枢纽（Community Hub）。目前建成 3 个此类型的社区枢纽。分别为：①淡滨尼天地（Our Tampines Hub），2017 年竣工，提供多元化社区及体育项目，以及休闲、饮食、购物及公共服务等综合服务；②海军部社区综合体（Kampung Admiralty），2017 年竣工，是新加坡首个综合公共开发项目，将公共设施和服务空间融合在一个建筑体量里，最大限度地利用土地，共享社区中心、医疗中心，以及社区公园和老年公寓，形成一个垂直"村落"；③ 2017 年竣工的勿洛心动大厦（Heartbeat@Bedok），把原本分散于各地的设施集合在一起，包括综合诊疗所、社区俱乐部、图书馆、体育中心、零售、活跃健康体验中心和乐龄护理中心等，节约出来的土地用于新的发展用途。

图 7-4 西海岸社区中心（West Coast Community Centre）建筑平面示意图。图片来源：根据西海岸社区中心相关资料绘制

图 7-5 西海岸社区中心外观、运动场地和周边环境，摄于 2012 年。图片来源：作者拍摄

图 7-6　2017 年建成的淡滨尼
天地是新加坡最大的综合性社
区中心，包含了大型体育设施、
公共图书馆、社区俱乐部、艺术
和商业及摊贩中心。图片来源：
DP Architects
(a) 外观和街景
(b) 综合体内部大型共享空间

图 7-7 淡滨尼天地的体育设
施和饮食中心生活场景。图片来
源：DP Architects

7.3.2　公民咨询委员会

在每个选区对应的城市区域内设有一个公民咨询委员会，属于人民协会组成网络中的基层民众组织，是代表该区域内所有民众组织的最高机构，由人民协会委任的志愿者管理，成员来自该区域各个方面的民众组织。各个民众组织收集到的各方面民众意见会通过这个委员会反馈给政府，而政府的一些政策和意图也通过这个委员会及关联的各种民众组织，以组织各种活动的形式向民众传递，因此，这个委员会发挥了政府与民众之间联系桥梁的重要作用。

公民咨询委员会承担具体职责包括：①监管其所在区域内的一个或多个社区中心（大的选区有多个社区中心）的运行情况；②计划和领导区域内主要的大型群众活动、监督帮困活动；③组织主要的资金募集项目；④参与全国性的民众活动。委员会还设有一系列次级委员会，如：社区运动俱乐部（Community Sports Clubs）负责组织区域内的体育活动，社区应急和参与委员会（Community Emergency and Engagement Committees）关注社区的应急抗灾能力等。一个区域内民众活动的组织效果与由志愿者组成的公民咨询委员会的领导能力有很大关系。如在筹款项目中，委员会可以将社区内的公共场地临时出租用于短期的商贸展会，所得利润回馈给下设的各次级委员会，筹款的多少和次级委员会的资助程度取决于委员会的领导能力。

7.3.3　社区中心（社区俱乐部）管理委员会

每个社区中心（社区俱乐部）都有一个管理委员会，也是由一群来自社区的志愿者组成，负责管理和维持社区中心的运营，人民协会的社区中心工作人员配合日常操作性工作。社区中心工作人员在社区中心管理上没有决定权，决定性人物是委员会的核心志愿者。社区中心管理委员会有四方面主要职责：①管理社区中心（社区俱乐部）；②组织社区居民开展社交、文化等方面活动；③协助在政府和居民之间传递信息（通过公民咨询委员会），让居民了解政策，同时向政府反映居民的需求和心愿；④在社区中培育良好的公民意识和素质。社区中心管理委员会之下设多个分委员会负责不同年龄段、不同性别和不同兴趣爱好的委员会，如年轻人行动委员会（Youth Executive Committees）、老年人行动委员会（Senior Citizens' Executive Committee）、妇女行动委员会（Women's Executive Committee），还有少数族裔委员会，如马来族活动组织委员会（Malay Activity Executive Committees）和印族活动组织委员会（Indian Activity Executive Committees），确保少数族裔也参与民众组织和社区活动，同时了解他们的诉求。

社区中心管理委员会的运营资金主要从两方面获得：①社区中心的日常运营收入，如社区中心组织的课程（跆拳道、芭蕾、烹饪、语言培训等）可以获得盈利，出租社区中心的羽毛球场和多功能厅等活动场地获得租金等，虽然面向社区的各项收费很低，但这是一个稳定的收入来源，也促使社区中心积极高效运营；②人民协会的社区发展理事会等上级部门会提供一定的资助，但这些资助并不是定期自动发放，而是激励社区中心管理委员会在社区融合方面主动开展活动，有目标地发放资助。这种资金运营模式促使社区中心管理委员会在经济上独立，自我管理和维持。欧美发达国家的社区中心也大多是这样的资金运营模式。

7.3.4　居民委员会和邻里委员会

居民委员会和邻里委员会都是基于居住小区的基层民众组织，都由各自居住小区中的居民志愿者组成，自我管理和运营，主要职责是促进邻里交流，增进居住小区内不同种族居民和睦共处，团结居民力量共同维护居住小区的环境质量和安全。居民委员会于1978年在政府公共住宅小区内成立，新加坡超过80%的人口居住在公共住宅内，居民委员会的作用十分重要，除了参与管理居住小区外，这个由志愿者组成的委员会与公民咨询委员会和政府相关部门的联系很密切，能够起到对政府反馈居民意愿，对居民传达政府政策的作用。邻里委员会成立于1998年，是针对商品住宅小区的居民志愿者组织，其作用与居民委员会基本一致。

通常每个居民委员会的范围大概包含10—15栋住宅楼，相当于一个住宅组团，新加坡公共住宅都是高层建筑，这个范围大约包含1000户家庭。居民委员会办公场所通常设置在高层住宅底层，新加坡公共住宅底层通常是架空层，除了楼梯、电梯和设备房间外，还会设有居民委员会办公室、托儿所和幼儿园（规模较小）、居民活动室兼学生辅导室等公共服务设施，但大部分面积是公共空间，形式简朴而且清洁工作及时，是居民使用频率较高的公共空间（图7-8，图7-9）。居民委员会通常开展居民聚会、邻里巡查、住户访问和帮助有困难的家庭等工作，也会协助镇理事会征集居住小区的问题，如清洁质量是否

图 7-8 友诺士三区居民委员会办公室，位于公共住宅楼底层，办公室内部装修简朴，对所有居民开放，摄于 2016 年。图片来源：作者拍摄
(a) 办公室入口
(b) 办公室内部居民举办节日聚会活动场景
图 7-9 设置在公共住宅楼底层的托儿所兼学生辅导室，摄于 2012 年。图片来源：作者拍摄

下降、公共照明是否有问题等，从日常小事和细节方面提升居住环境质量，保障居住小区安全，并培育邻里意识和社区精神（图7-10，图7-11）。

居民委员会和邻里委员会的活动都是志愿者利用业余时间开展的，各个委员会管理水平各异，因此各个住宅区的环境质量高低、活动多少和成效如何，很大程度上取决于委员会的主动性和管理能力。

早期居民委员会的活动资金主要从向居民回收旧报纸等一些途径获得，如今有更多的经费来源——组织面向居民的课程的收费；分时出租居民委员会场地或办公室的租金；组织居民参观活动的收费等。这些经费基本是来自居住小区，也用于居住小区，数量不大。此外，响应人民协会提倡的、针对一些特定目标而开展的活动可以获得人民

图 7-10　友诺士基层民众组织开展的居民聚会，这些聚会大多安排在邻里中心的场地，由志愿者组织和现场服务，图中这次活动是尊老爱老主题的文艺表演，也提供便餐，摄于2016年。图片来源：友诺士三区居民委员会

图 7-11　居民委员会组织的社
区种植活动——居民在公共住
宅小区规定的场地内种植蔬菜
等农作物,居民委员会提供活动
资助,收获的食物由居民分享,
摄于 2016 年。图片来源: 友诺
士三区居民委员会

协会的资助,如可以申请社区发展理事会的"健康生活方式"项目基
金开展这方面的活动。公民咨询委员会所接受的捐赠资金也会通过活
动经费申请方式部分分流到居民委员会和邻里委员会。居民委员会和
邻里委员会在职能和财务上都是独立的,要支付自己的办公室租金、
水电费和其他费用。

7.3.5　民众组织的资金来源

　　大量基层民众组织开展各种活动需要持续稳定的经费支持才能持
续发展,新加坡民众组织运行资金主要来自三个渠道——这也反映出
社会凝聚力建设需要民众、政府和社会三方面的共同努力。

　　(1)民众组织自我筹集,通过参加活动成员交纳少量费用、募捐
等自我运营方式获得部分资金。这部分资金数量不大,但意义重要——
体现民众组织自我运营和管理、成员共同参与的意识。

（2）人民协会（主要通过社区发展理事会）提供资助，这是一个强有力的支持，但必须通过民众组织积极策划合理的活动才能申请到经费，或者以自筹资金为基础申请补贴（最高 1：1 补贴）。政府的资助经费不会以分配的方式一次性拨发，而是鼓励基层组织发挥主人翁精神，用举办活动计划和自筹资金为基础进行申请，确保公共资金使用效率，切实保障促进社会凝聚力的效应。

（3）国家支持的、来自社会多方面力量的一些项目基金也是民众组织获得活动资金的途径，这一途径随着新加坡经济持续发展越来越重要。如社区融合基金（Community Integration Funds）是由国民融合理事会（The National Integration Council）于 2009 年 9 月成立，旨在鼓励新移民、外国人和新加坡居民之间的融合，促进人民以积极正面的心态协助新移民适应新加坡生活。围绕这一目标组织的活动可以申请社区融合基金赞助，获批项目最多可以得到 80% 的活动费用资助，金额最多 20 万新元。

7.3.6 对民众组织负责人的回馈

民众组织负责人（主要组织者）长期以志愿者身份服务社区，他们会享受到一些福利待遇，感谢他们为社区贡献的时间和精力。这些待遇主要有：

（1）停车季票——私家车一般只能停到社区内指定的一个停车场（停车季票指定的停车场），民众组织负责人购买的停车季票可以停在该社区的任何一个停车场，这也和工作需要有关系；

（2）国家社区领导者学院免费课程培训——国家社区领导者学院是新加坡政府用于提升基层组织和民众自我管理能力的重要培训机构，民众组织负责人可以免费参加课程培训；

（3）购买新公共住宅的优先权——民众组织负责人在参加"公共住宅预购计划"（Build-To-Order Program，简称 BTO）时有优先权。BTO 公共住宅中有一定比例是为民众组织负责人预留的，但有严格并透明的审核程序，前提必须是负责人已经为社区服务了不少于规定的时间，并作出很大贡献，且这个优先权只针对负责人所服务的社区内新建的 BTO 公共住宅；

（4）子女小学入学登记优先权——根据对社区服务程度的客观评价和审核，民众组织负责人的子女可以享受小学入学的优先权，条件是至少 2 年社区服务经历，入学学校原本只限于所在社区内的对口小学，现在放宽到住址附近的其他小学或父母长期志愿工作的社区内的学校[8]。

从新加坡的社区条件看，这些感谢性的回馈并不大，志愿者组织和参与社区活动的目的不是获得这些回馈，很多人积极参与社区工作的原因主要有以下几点：①社区主人翁精神，作为社区的一员，希望对社区的一些管理问题，如改善停车问题和维护公共设施等有发言权；②发展自己的兴趣爱好，愿意和本社区里具有类似爱好（如园艺、绘画等）的居民交流，组织活动也正是发展自己的兴趣和特长；③关心社区的安保，愿意配合邻里警察（Neighbourhood Police）维护自己所在居住小区的安全，参与安保系统的规划和管理；④可以结交更多的不同方面的人。这些意愿朴素而实在，也有十分强烈的新加坡特点——因为地域范围小，大部分新加坡人在幼儿园、小学到中学的成长阶段，以及结婚后住进自己的公共住宅并养儿育女的阶段，都会和城市中某一个或两个社区产生长期培养的归属感。这一点对于当前中国"北上广深"的中青年群体难以体会——在成长、大学教育和进入职业的过程中，或者年少就外出打工的过程中，每隔几年就要在文化背景有差异的城市（地区）间转换，这种流动性很难让人对城市产生归属感，更难对所在社区有归属感。

7.3.7 两个"可持续"策略

依托人民协会组织框架，同时依靠大量基层民众组织自我管理和主动参与，这套自上而下和自下而上相结合的社区建设体系形成一个庞大的系统工程，形成这套体系并不容易，"可持续"更有挑战性，以下两个重要策略将对可持续产生长期重要影响。

（1）让年轻人参与其中的专门计划

新加坡人从小学到大专程度的教育过程中有一个必修的课程内容——"价值在于行动"（Value in Action，简称 VIA）[9]，这门课程要求学生花一定的时间以志愿者方式参与社区服务活动。活动形式非常多样，学校与学校，甚至班级与班级之间各不相同，取决于学生的兴趣和想法，包括收集旧报纸、拜访老人院、进行募捐活动等。中小学阶段，这些活动通常由老师带领，而到了初级学院（相当于中国的高中）则主要由学生自己决定并计划他们的 VIA 活动。这个全民教育课程的目标在于建立社区意识，从小培养回报社会的精神。这是一门必修课，课程内容十分重要，对社会发展，对共同价值观的培养具有深远意义。

人民协会组织框架下专门针对青年人的组织，如青年运动组织（People Association Youth Movement）是专为培养年轻人参与社区活动的组织。青年运动组织和其他基层民众组织紧密合作，吸引年轻人参与社区管理等工作，并通过与新加坡国立大学这样的高等教育机构合作，增强年轻人贡献社会的意识。面对年轻人的专门计划被高度重视，年轻人可参与的社区活动——不论是运动休闲类，还是照顾老人、孩子等的志愿者服务类，可选择性很多。

让年轻人参与其中的策略和举措非常有效，新加坡居民委员会和邻里委员会成员中有相当大比例（超过半数）是中青年人，大学生和白领占了很大比例，这保障了社区活动和参加人群的活力与层次。

(2) 实用和适时更新——持续发挥社会教育角色

新加坡基层民众组织的作用不仅是让民众交流互动，还承担社会教育的角色，后者的重要性将会越来越突出。要实现社会教育功能，前提是民众感兴趣来参加活动，因此很多社区活动和日常生活紧密相关，实用性强，如传授紧急医疗救治办法（心脏复苏术等）、火灾自救办法、防治家中害虫的办法、健康生活方式相关知识等，这些可以学到实用知识且涉及面很广的活动颇受欢迎，确保不同年龄段的居民有比较高的参与度，这有助于减少社区内的不良生活习惯和行为。鼓励年轻人通过参加体育竞技和娱乐活动结交朋友，减少年轻人参与帮派或违法活动的机会。

对新加坡而言，社区培育的政策和做法必须不断评估和改进，适时更新是可持续的关键。从社区中心（社区俱乐部）的发展历程就能看出半个多世纪里，其为适应经济水平、时代发展和民众需求所进行的不断改进和提升，包括硬件、软件两个方面。1997年成立的5个社区发展理事会，对应全国5个分区，进一步强化了以社区中心网络为主的组织框架，也加强了通过基层组织帮助弱势群体的力度，

---

8. 这个针对基层民众组织负责人的小学入学登记优先权也对参加学校、教会或宗乡会馆义工工作的家庭开放，而以往这个优先权仅针对那些正在该校就读，或从该校毕业的学生的兄弟姐妹。根据2015年官方数据，每年约400名学生享受这一优先权入学，小于总入学人数的1%。

9. "价值在于行动"最初名为"社区服务计划"（Community Involvement Programme），是通过对价值、知识和技能的学习与运用，帮助学生发展成为能够对社区作出积极贡献，具有社会责任感的公民的课程。这一课程让学生了解如何为社区作贡献，并培育主人翁精神，社会实践是课程内容的组成部分，要求学生在实践中寻找自己的价值，思考如何积极回报社会。

标志了新加坡社区建设在管理方面提升到一个新台阶。社区发展理事会成立以来的近 20 年，与新加坡经济持续发展相伴，关心社区成为全民共识，政府大力推动且人人参与的良性循环的社会环境已经形成。

7.4 国家层面对社区 (社会凝聚力) 建设有重要支撑作用的政策

社区（社会凝聚力）建设是一个高度整合的系统工程，需要国家层面相关政策的支撑。以下几点政策与每个新加坡国民的日常生活和人生不同阶段都密切相关，也是社区和社会凝聚力建设的重要支撑。

7.4.1 集选区制度

为确保少数族裔也能在议会里占有一定席位，新加坡于 1988 年设立集选区制度（Group Representative Constituency System），议会选举法案要求议会全体议员里至少有 1/4 议员来自集选区。2015 年新加坡大选时共有 16 个集选区和 13 个单选区（Single Member Constituencies）。单选区是只产生一名议会议员的选区，范围较小；集选区是范围更大的选区，视范围和选民数量情况产生 3—6 名议员（必须同一党派联合竞选获胜）代表整个选区选民的意愿，其中 1 名议员必须是马来族、印族或其他少数族裔。这种集选区制度确保议会中有一定比例的少数族裔议员。当选议员是所在选区的镇理事会的主要管理力量，少数族裔议员对于在基层兼顾各个种族具有重要作用。

7.4.2 公共住宅政策

在所有影响新加坡社区建设的政策中最重要的是政府主导的公共住宅政策——从 1960 年新加坡建屋发展局成立至今，在国家力量推动下，公共住宅成为新加坡城市居住环境的绝对主体，承载超过 80% 的人口（最高曾达 85%），而且在不断发展改善，居民对居住环境的满意度相当高，并拥有公共住宅的产权。在国际范围，新加坡公共住宅政策被看作解决当代住宅问题的一个成功典范。用国家的经济能力为国民提供住宅——这是新加坡通过人民协会开展有自上而下特征的社会凝聚力建设工作的前提条件，没有在公共住宅方面创造的认同度，新加坡社会凝聚力建设不可能实现。

公共住宅是涉及新加坡国民生活水平和对政府支持度的重大问题，这方面的政策也在不断评估和改进，适应不断变化的需求。如：1989年的种族团结政策规定每一栋公共住宅建筑和每个邻里单元都需要对种族比例有限制，保障各种族按照国家人口构成比例均匀分布；2002年出台的对靠近父母住处购置新房的已婚子女给予优先的政策，鼓励两代人之间的相互照顾；因为居家办公开始出现，2003年起允许利用公共住宅作为在家办公场所和公司注册地址，可以有不超过两人的雇员来上班。这些在政策上的适时更新体现了新加坡政府在管理方面的优势。今后，移民等因素造成的人口增长对公共住宅量的需求依然很大，当下普通民众生活水平提高对住宅质量和精细化的要求也很高，还有老龄化和单身人口购房等多样化的需求——这些是新加坡公共住宅今后发展的挑战。

7.4.3 教育政策

新加坡的教育体系自 1966 年开始采用双语制——英文是通行语言和教学语言，每个学生继续学习自己的母语（第二语言）。学习英语使各种族学生相互交流自如，也使新加坡人和世界联系紧密，而学习第二语言使不同种族在国家用英语统一语言的过程中保持自己的文化归属感。这一语言政策对新加坡影响深远[2]。

由新加坡教育部严格把关的新加坡公立学校的水准很高，公立学校是大多数新加坡人的选择。小学和初中都是就近入学原则，学校选址和公共住宅区的邻里中心规划统一考虑，由于公共住宅区的多种族融合状态，小学和初中也成为当地社区多元化的一部分，无论是教师还是学生，不同种族完全融合在一起。除了学业课程，教育部要求所有学校开展课程辅助活动（Co-Curriculum Activities），每个学生根据自己的兴趣爱好参加至少一项课程辅助活动，内容包括体育、娱乐、艺术和文化等方面，以学生小组活动的方式开展。这个课程辅助活动不仅是为了全面素质教育，也是为学生创造更多和其他班级同学交流的机会，培养学生对学校、对社区的归属感。每年 7 月 21 日种族和谐日（Racial Harmony Day）对于全国中小学是个重要节日[10]，学校鼓励学生穿着传统服装来上学，一些学校会组织不同文化传统的游戏，介绍不同饮食文化的食物，让学生更多理解其他种族，自然而然地形

---

10. 新加坡为纪念 1964 年 7 月 21 日在新加坡发生的内部种族暴乱，将每年 7 月 21 日定为国家种族和谐日。

成相互认同。很显然，在小学和初中教育环境中就养成的互相认同感是新加坡多种族和谐共存的重要基础。

7.4.4 国民服兵役

新加坡所有健康男性公民和移民的第二代必须服兵役（2年全日制），除了国防意义外，服兵役也被作为加强不同种族男性之间团结合作能力的重要环节。服兵役最初的3个月是基本军训（Basic Military Training），所有人员吃住在一起，并实行伙伴制度（The Buddy System），尽可能将不同种族的新兵组成伙伴小组，使他们有更多机会相互理解并建立以后的社会交往。

7.4.5 政府支持的自助团体

政府鼓励各少数族裔利用自己能筹集的资源，通过成立自助团体（Self Help Groups）帮助本族的弱势群体。1982年成立的新加坡马来穆斯林发展理事会（Council for the Development of Singapore Malay/Muslim Community）关注新加坡马来族裔底层约30%的人口，致力通过教育使马来族裔进一步发展。同样，1991年成立的新加坡印族发展协会（Singapore Indian Development Association）致力于提升新加坡印度族裔的发展。自助团体主要关注特定族裔的问题，但也和人民协会等相关机构有密切合作，并获得支持。

7.5 新镇规划和建设——确保社区理念的硬件前提

新加坡公共住宅通过新镇模式提供给80%以上的国民，英文中专指新加坡公共住宅的HDB包含多层意义：既是新加坡建屋发展局的简称，也指普通家庭拥有的公共住宅，而从城市规划和人口布局角度而言，HDB和新镇是不可分割的概念。20世纪70年代建设的一系列新镇离中心城区较远，在没有地铁、私家车拥有率不高的情况下，各个新镇除了提供大量公共住宅（缓解中心城区的人口压力），在功能上必须相对独立，提供工作机会和各种公共设施，成为大多数居民日常居住、工作和日常社会交往的综合载体——这也是社区理念的物质载体（图7-12，图7-13）。新加坡都市重建局负责新镇规划，在整个城市布局框架下规划各个相对独立的新镇，历经半个多世纪持续不

7-12a

图 7-12　勿洛新镇镇中心区域。
新镇范围内的重要管理部门、
地铁站和多条公共汽车换乘枢
纽,以及公共图书馆等主要公共
设施都布置在镇中心区域,形成
一处复合功能的综合体,摄于
2016 年。图片来源:作者拍摄
(a) 街景
(b) 位于综合体底层的公共汽车
换乘枢纽

图 7-13　淡滨尼新镇一处
邻里中心的日常景象,摄于
1987 年。图片来源:Ministry
of Information and the
Arts Collection, Courtesy
of National Archives of
Singapore

7-12b

7-13

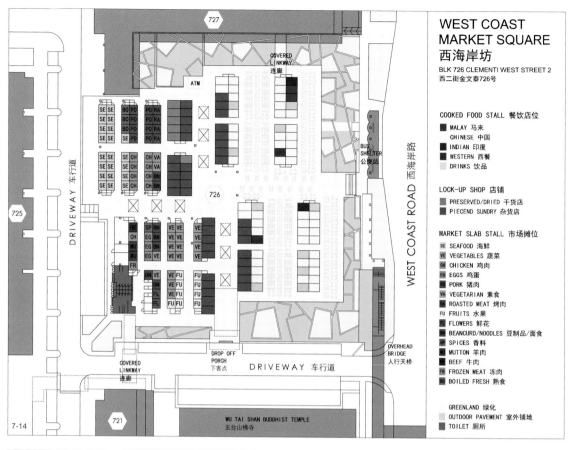

WEST COAST MARKET SQUARE
西海岸坊

BLK 726 CLEMENTI WEST STREET 2
西二街金文泰726号

COOKED FOOD STALL 餐饮店位
- ■ MALAY 马来
- ■ CHINESE 中国
- ■ INDIAN 印度
- ■ WESTERN 西餐
- ■ DRINKS 饮品

LOCK-UP SHOP 店铺
- ■ PRESERVED/DRIED 干货店
- ■ PIECEND SUNDRY 杂货店

MARKET SLAB STALL 市场摊位
- SE SEAFOOD 海鲜
- VE VEGETABLES 蔬菜
- CH CHICKEN 鸡肉
- EG EGGS 鸡蛋
- PO PORK 猪肉
- VA VEGETARIAN 素食
- RA ROASTED MEAT 烤肉
- FU FRUITS 水果
- FL FLOWERS 鲜花
- BN BEANCURD/NOODLES 豆制品/面食
- SP SPICES 香料
- MU MUTTON 羊肉
- BE BEEF 牛肉
- FR FROZEN MEAT 冻肉
- BO BOILED FRESH 熟食

- ■ GREENLAND 绿化
- ■ OUTDOOR PAVEMENT 室外铺地
- ■ TOILET 厕所

COVERED LINKWAY 连廊

ATM

BUS SHELTER 公交站

WEST COAST ROAD 西海岸路

DRIVEWAY 车行道

DRIVEWAY 车行道

727

726

725

721

7-14

DROP OFF PORCH 下客点

COVERED LINKWAY 连廊

DRIVEWAY 车行道

OVERHEAD BRIDGE 人行天桥

WU TAI SHAN BUDDHIST TEMPLE 五台山佛寺

7-15a

7-15b

7-15c

7-15d

断的建设实践，新加坡新镇模式已十分成熟，且仍在演化和发展，在更高人口密度下追求更便捷、更多绿化和更高舒适度，并提供更多就近工作机会。

新镇规划的理念是最大限度在新镇范围内为市民提供所必需的公共设施，使得该范围的日常生活、工作可以最大限度地自我维持（减少在城市大范围内每日必须移动的概率）。新镇规模一般为十几平方公里，人口规模15万—25万人。从土地利用结构来看，新镇一般包括：45%住宅用地、6.9%教育用地、2.1%组织机构用地、7%公园和绿地（新镇之间的隔离绿化不计入）、1.5%体育设施、13.3%交通用地、8%工业用地、8%公用事业用地和8.2%其他用地。从规划来看，镇中心—邻里单元—住宅组团三个层次的结构关系十分明确（参见第2章相关内容）。除了工业范围外，这种新镇结构模式其实可以简单地看作由两种"内容成分"组成：①住宅；②分布在三个结构层次上的公共空间和公共设施网络。从实际情况看，后者对居民日常生活的影响更大，可以满足市民绝大多数的日常生活需求，涵盖教育、日常生活购物、社交活动、宗教活动、就医等方方面面。

镇中心、邻里中心和住宅组团公共空间三个层次上的公共设施配置十分清楚（图7-14—图7-16），适应各自的服务范围和人群。在小区公共空间，如住宅楼之间的小型游戏场，父母可以坐在一起聊天同时照看在旁边玩耍的孩子；住宅底层架空是新加坡公共住宅的特点，这些底层的开放公共空间不仅可以避雨，也是居住小区内民众组织的活动场所，还是马来人婚庆仪式场所和华人丧葬仪式场所等，具有多

图7-14 西海岸邻里中心范围的摊贩中心和饮食中心平面示意图。图片来源：根据西海岸邻里中心相关资料绘制
图7-15 西海岸邻里中心范围的摊贩中心和饮食中心内部景象，是典型的新加坡邻里中心场景，摄于2012年。图片来源：作者拍摄
图7-16 公共住宅小区内的公共设施和公共空间，摄于2012年。图片来源：作者拍摄
(a) 住宅小区内的篮球场
(b) 住宅楼之间的活动场地和儿童活动设施

7-16a

7-16b

重功能。在这样的空间格局下，不同种族人民通过长期共处，彼此理解并相互尊重。除了每一栋公共住宅底层的架空公共空间外，公共住宅每层的公共走廊也是邻里交往场所，鼓励几户邻居之间的交往。邻里中心（指的是一个范围，而非一个综合体建筑）与每天的饮食和日常购买等关系最紧密，有相当比例的新加坡人主要是在邻里中心的饮食中心解决吃饭问题，既多选择又经济和省力，而且离家很近，因此，新加坡公共住宅的厨房往往面积很小。这种已经成为新加坡人生活方式一部分的饮食中心是20世纪60年代为了解决非法沿街食品摊贩问题，通过规划组织摊贩到规定的室内摊位而产生的，每一个饮食中心都有具体的规划导则确保按照合理比例提供不同种族特色的食物，饮食中心因此也是能够经济便利地品尝到其他种族饮食的好去处。而游泳池、室内羽毛球场或篮球场、图书馆等大型公共设施则设置在镇中心。从镇中心的大型公共设施到公共住宅的公共走廊，分布于不同尺度层面但形成系统的公共空间和公共设施成为社区建设的承载平台（图7-17—图7-20）。

图7-17 位于公共住宅底层的幼儿园，方便父母接送孩子，并且共享小区内的各种活动场地，摄于2012年。图片来源：作者拍摄
图7-18 公共住宅底层架空形成的公共空间，摄于2012年。图片来源：作者拍摄
图7-19 居民利用公共住宅底层公共空间举办活动的场景，图中这次活动是关于公共住宅改善实施计划的宣传活动，摄于2017年。图片来源：simplyeunos.sg
图7-20 公共住宅的走廊，摄于2012年。图片来源：作者拍摄

社区（社会凝聚力）建设超越城市规划和开发建设范畴，软件成分很高，而在新加坡实现了与城市硬件发展的高度结合。没有公共住宅和新镇模式提供的硬件格局，很难想象新加坡如何开展社区建设工作。新加坡以强有力的统一规划和国家统一实施确保公共住宅和新镇模式持续发展，这方面的一些经验和做法值得中国城市参考。同时应该看到，新加坡未来发展面临的挑战也相当严峻。占相当大比例的移民如何融入新加坡社会并接受新加坡价值观，国际化背景下国民贫富分化加剧，老龄化社会以及国外不安定因素的干扰等……这些都是新加坡社区（社会凝聚力）建设未来必须应对的新挑战。

主要参考文献

[1] YAP J. We are one: the people's association journey, 1960—2010. Singapore: People's Association & Straits Times Press. 2010: 22.

[2] 李光耀. 李光耀回忆录：我一生的挑战——新加坡双语之路. 南京：译林出版社, 2013.

[3] LIU T K, TUMINEZ A S. The social dimension of urban planning in Singapore//CHAN D. 50 years of social issues in Singapore. Singapore: World Scientific Publishing, 2015.

[4] FERNANDEZ W. Our homes: 50 years of housing a nation. Singapore: Straits Times Press, 2011.

[5] WONG A K, YEH S H K. Housing a nation: 25 years of public housing in Singapore. Singapore: Maruzen Asia, 1985.

结语　独特性与可持续发展

沙永杰

新加坡的独特性十分突出——体现在地理、气候、人口和国土资源等先天因素，更体现在 1959 年以来的发展轨迹上。从 20 世纪 90 年代（新加坡进入第一世界国家行列）至今约 30 年的发展成就和未来规划蓝图两方面情况看，新加坡已经进入一条可持续发展轨道，只要政治稳定，这个城市国家的发展前景让人看好。新加坡在保持独特性和可持续发展方面的理念和做法值得长期关注、深入研究并参考借鉴。

本书阐述分析的新加坡城市规划与发展经验，包括城市规划管理、公共住宅与新镇、产业空间、水资源和绿化、陆路交通、新 CBD 规划建设和社区（社会凝聚力）建设等领域都有一个批判性地学习研究西方发达国家既有经验，并结合新加坡实际情况和实际问题摸索出一套新加坡模式的过程。既有国际视野和批判性选择能力，又能切中新加坡实际问题，并有务实的操作能力，这是新加坡形成其独特性的重要条件。除了上述领域，新加坡城市规划发展的独特性还突出体现在以下四个方面。

（1）城市文化。需要从两个角度来看。不少人，包括不少新加坡人，认为文化是新加坡的短板，新加坡缺乏培养创意人才的氛围。这种观点表达了文化产业（或者说是文化商业）方面的事实。因为人口总量和国土范围的原因，新加坡不可能产生或拥有大量音乐、绘画、写作和演艺等方面的文化人士，如何使新加坡成为全球文化人士乐于聚会和开展活动的重要场所之一，这是新加坡需要考虑的一个城市发展问题。但从另一个角度看——多种族人群和谐相处，既工作和生活在同一屋檐下，又能保持各自的语言、宗教、礼仪和生活方式，新加坡城市文化是独树一帜、值得高度赞誉的。在高度现代化的日常生活中呈现出丰富多彩、互相尊重和互相影响、多种族和多元传统共存的城市文化景观——这是新加坡城市魅力的一个重要组成部分，应不遗余力保持和加强。加之英语是新加坡的官方语言，无论新加坡人之间，还是新加坡人与国际访客之间的沟通都没有障碍，这进一步强化了新加坡国际化大都市和强烈本土气息兼具的文化性格。

（2）城市公共空间。新加坡城市公共空间的丰富度和使用率在所有城市中应该能排在非常领先位置。除了气候条件常年适宜各类室外日常活动的原因，土地利用规划和城市设计引导起了关键作用，最明显体现在新加坡新镇模式的镇中心、邻里中心和住宅组团公共空间三个层次的公共空间和公共配套网络布局上。位于镇中心地铁上盖的大型综合体中除了通常的商业零售空间外，还结合了公共汽车换乘枢纽、平民价位的饮食中心和社区图书馆等公共服务功能。此外，新加坡国立大学等大学校园充分利用室内外公共空间承载了相当一部分自习教室和会议室的功能，使整个校园充满活力。公共空间除了作为休闲场所外，兼具市民日常生活必需的各类功能，从而减少市民不必要的体力和时间花费，使生活更便利，也能通过这种"功能复合"提高土地利用效率，而公共空间的外观形象倒不是首要关注的。新加坡公共空间的特色还体现在两个"融合"上：①城市公共空间与热带气候条件、热带植物等自然环境的融合，这一点在高度发达的全球城市中非常难得；②城市公共空间成为多种族多文化和谐共处的重要平台，是最能体现新加坡社会"融合"的城市要素。

（3）城市遗产保护和再利用。保护城市遗产的意义众所周知，但很多城市仍面临保护与发展之间难以平衡的严峻问题。新加坡土地资源匮乏，城市发展速度和经济发展压力大，实现这一平衡的难度更大，但仍取得非常好的成就，城市遗产保护和再利用成为当今新加坡的特色之一。新加坡城市遗产保护工作起步于 20 世纪 80 年代初，和其他领域一样，也是由政府管理部门主导的，发展很快，并吸引越来越多的社会力量和普通市民参与其中。1980—1985 年任新加坡副总理的拉惹勒南（S. Rajaratnam）在 1984 年为一本倡导新加坡传统建筑保护的书[1]写的序中这样说道："一个城市的历史不仅被记录在书籍中，也被记录在建筑上……虽然一些历史建筑无可避免要为城市发展让步，但我们希望通过保留下来的历史建筑与我们的过去相连。"[1] 这段话清晰表明了新加坡快速城市化（城市重建）时期政府部门对历史建筑保护的基本态度，包含两方面的考量：①认同历史建筑保护的深远意义；②必要时需要为城市发展"让步"。30 多年后再看这段话，两方面之间似乎有些矛盾，但这种务实的态度避免了当时城市快速发展时期一些城市更新举措进退两难的尴尬局面，也前瞻性地确立了城市遗产保护的地位。进入 21 世纪后，随着新加坡城市建设进入更高品质的发展阶段，20 世纪 80 年代经常面临的需要"让步"的情况大幅减少了（但仍然存在），普通民众的保护热情和参与度日益提升，公共部门与市场力量合作的模式趋于成熟。涉及重要城市遗产的建设项目总会更费周折，需要倾听方方面面的声音并做多方多轮分析研判，往往周期较长，但也产生了一些极具新加坡特点的重要项目，如拆除老的国家图书馆（2004 年）并另在新址新建国家图书馆[2]，

---

1. 书名为 *Pastel Portraits: Singapore's Architectural Heritage*（中译名：《古色新彩——新加坡传统建筑风貌》），作者葛月赞（Gretchen Liu）。这本出版于 1984 年的书以摄影方式记录新加坡传统骑楼店屋之美，对新加坡传统建筑保护产生重要积极影响。

以及将一处教会学校旧址（CHIJ 旧址）改建为餐饮和零售空间（改称 CHIJMES，1996 年建成开放）[3]，都是曾引发很大争议的项目。这两个案例都体现出在保护和发展之间寻求平衡的新加坡特点——倾听各方意见，经由多方面专家进行分析评判，并依据是否具有可实施性做最终决定，过程中充满争议但新建项目完成若干年后得到广泛认同。

（4）持续推出创新特征的重大项目。进入 21 世纪以来，新加坡城市快速发展的一个重要表征是大量模式创新的建设项目不断落成，尤其是 2010 年以来，每年都有令人赞叹的新看点。新项目中既有政府投资或政府与市场合作项目，也有纯商业开发项目。具有代表性的重大项目包括：纬壹科学城（One North，2003—2022）、圣淘沙湾（Sentosa Cove，2006）、滨海堤坝（Marina Barrage，2008）、达士岭组屋（The Pinnacle@Duxton，2009）、金沙酒店及商业综合体（Marina Bay Sands，2010）、亚洲广场（Asia Square，2011—2013）、新加坡国立大学扩建的新校园（University Town，2011）、滨海湾花园（包括其中两个巨大的玻璃室内花园，Garden by the Bay，2012）、星宇表演艺术中心（The Star Performing Arts Centre，2012）、勿洛广场（Bedok Mall，2013）、绿洲旅馆（立体绿化高层酒店，Oasia Hotel，2016）、滨海盛景豪苑住宅办公综合街坊（Marina One，2017）、淡滨尼天地（Our Tampines Hub，2017）、勿洛心动大厦（Heartbeat@Bedok，2017）、海军部社区综合体（Kampung Admiralty，2017）、国浩大厦（原名丹戎巴葛中心，是结合丹戎巴葛地铁站的综合体，Guoco Tower，2018）、星耀樟宜（樟宜机场新的航站楼，Changi Airport Jewel，2019），等等。由于在模式方面的重大突破，这些新项目都堪称当代全球最先进的建设项目。此外，还有地下储油、立体农业、地下研发中心，以及应对海平面上升而做的围海大坝等正在实验或进行中的一批更大胆、更具模式创新特征，或者是新加坡独创的重大城市举措。观察新加坡这些新项目、新举措，不能仅从项目或设计层面分析，更需要从城市（国家）发展战略和城市土地利用策略等更高层面理解项目与城市发展目标的关系。

作为一个土地资源稀缺的岛国，新加坡必须坚持可持续发展，而且要保持和加强在全球城市网络中的竞争力和地位，又必须是高质量的可持续发展。从 20 世纪 60 年代初至今的发展历程看，新加坡的可持续发展轨迹和能力已经十分清晰——虽然建国初期面临生存问题，但过去约 60 年间已成功实现两轮跨越式发展（从第三世界到第一世界的跨越以及进入 21 世纪后又上一个新发展台阶），不断提升的城市硬件水平和不断升版的城市规划蓝图都反映出这个国家今后的可持续发展方向和前景。新加坡实现可持续发展已具备坚实基础，尤其体现在本书前言中强调的四个方面——

公共住宅、产业发展、环境和城市交通。确保人民能安居乐业，确保大幅度城市发展与自然环境相和谐，有计划地逐步建成一套能够承载 1000 万人口的城市基础设施（尤以交通为重点），这些新加坡城市规划与发展的成绩与特点罕有其他城市可以相比，也折射出新加坡城市（国家）治理层面的可持续发展理念。战略性长期土地利用规划是新加坡可持续发展的一个根本保障，通过概念规划形式表达出长期的土地需求和土地资源配置。虽然概念规划是由都市重建局负责出台，但长期土地利用的战略决策是整个新加坡政府共同做出的，战略决策中占相当比重的是为未来和下一代创造和保留必需的升级发展所需的土地资源。新加坡已着手将城市码头和巴西班让集装箱码头转移到大士地区新规划的大规模港口区，并宣布迁移巴耶利峇空军基地，这两项重大举措将腾出约 18 平方公里位于很好位置的土地。虽然耗资巨大的搬迁工作已逐步开展，但这两片区域可能在 2030 年前都不会被使用，而是为未来城市升级发展作土地储备[4]。政府土地出售管理也遵循长远考虑原则，国家土地销售收益作为未来发展资源存入国家准备金里，而不是计入现任政府的预算里，这很大程度避免了通过卖地换取政府预算，真正实现长远规划。

新加坡在总量方面不具有优势，未来的新加坡会加强在全球其他国家或地区的投资，以合作建设采用新加坡经验的产业园区和生态城等方式形成位于海外的发展"腹地"，扩大新加坡的全球影响。而在新加坡本土则会继续探索土地利用和开发建设升级的各种可能性，不断推出模式创新的城市发展项目，将城市土地利用的创新性、可持续性和宜居性推向新的高度。

主要参考文献

[1] KONG L. Conserving the past, creating the future: urban heritage in Singapore. Singaporc: Urban Redevelopment Authority, 2011: 38.

[2] 王才强 . 新加坡城市规划 50 年 . 高晖，林太志，陈诺思，等，译 . 北京：中国建筑工业出版社 , 2018: 246-247.

[3] KONG L. Conserving the past, creating the future: urban heritage in Singapore. Singapore: Urban Redevelopment Authority, 2011: 199-204.

[4] 王才强 . 新加坡城市规划 50 年 . 高晖，林太志，陈诺思，等，译 . 北京：中国建筑工业出版社 , 2018: 71.

作者简介

沙永杰（Yongjie SHA）

同济大学建筑与城市规划学院教授，同济大学建筑与城市空间研究所常务副所长，泛格规划设计咨询（上海）主持规划师。同济大学建筑历史与理论专业工学博士，哈佛大学设计研究硕士。曾在日本、美国、意大利和新加坡留学或工作。2010—2015 年在新加坡国立大学任访问教授和双聘教授。中国城市规划学会城市更新学术委员会副主任委员，上海市规划委员会专家委员。

依托中国城市发展（尤其上海）的现实情况和实际问题，发挥国际资源与国际合作优势，长期开展城市规划和城市设计相关的学术研究与探索性实践——学术研究以深度引进和分析国际经验和对标案例为主，实践工作主要针对政府主导、多方力量参与、模式创新的重要城区城市更新项目。代表性学术著作包括《上海武康路——风貌保护道路的历史研究与保护规划探索》《中国城市的新天地——瑞安天地项目城市设计理念研究》*Shanghai Urbanism at the Medium Scale* 和《东京城市更新经验——城市再开发重大案例研究》。主持或参与的实践项目曾获全国优秀城乡规划设计一等奖、上海市优秀城乡规划设计一等奖、上海市决策咨询研究成果一等奖和上海市科技进步一等奖等奖项。

纪雁（Yan JI）

泛格规划设计咨询（上海）研究项目和可持续规划设计项目总监。大连理工大学建筑设计专业工学硕士，伦敦学院大学（UCL）可持续设计方向理学硕士。中国一级注册建筑师，美国绿色建筑认证工程师（LEED AP）。曾在美国和新加坡从事建筑设计工作，2004 年与沙永杰联合创立泛格规划设计咨询（上海）。代表性学术著作包括《可持续建筑设计实践》《上海武康路——风貌保护道路的历史研究与保护规划探索》*Shanghai Urbanism at the Medium Scale*。

陈琬婷（Pristine Wan Ting CHAN）

规划师。新加坡国立大学建筑学专业文学学士，建筑学硕士。2014—2016 年作为研究助理在上海和新加坡两地协助沙永杰开展有关这两个城市的规划设计研究工作。2016—2017 年任新加坡国立大学亚洲永续城市研究中心研究员，参与王才强主持的城市规划研究项目。2018 年加入刘太格的规划设计公司从事城市规划实践工作。